Conway R. Howard

The Transition-Curve Field-Book

Conway R. Howard

The Transition-Curve Field-Book

ISBN/EAN: 9783337185787

Printed in Europe, USA, Canada, Australia, Japan

Cover: Foto ©Andreas Hilbeck / pixelio.de

More available books at **www.hansebooks.com**

The Transition-Curve Field-Book.

Containing full instructions for adjusting and locating a curve nearly identical with the cubic parabola in transition between any circular railroad curve and tangent.

SIMPLIFIED IN APPLICATION BY THE AID OF
A GENERAL TABLE,
AND ILLUSTRATED BY RULES AND EXAMPLES FOR
VARIOUS PROBLEMS OF LOCATION:
ALSO TABLES OF RADII, SINES, TANGENTS, VERSINES
AND EXTERNAL SECANTS.

BY
CONWAY R. HOWARD, C.E.

NEW YORK:
JOHN WILEY & SONS,
53 EAST TENTH STREET.
1891.

COPYRIGHT, 1891,
BY
JOHN WILEY & SONS.

ROBERT DRUMMOND,
Electrotyper,
444 & 446 Pearl Street,
New York.

FERRIS BROS.,
Printers,
326 Pearl Street,
New York.

PREFATORY.

THE aim of this Field-book is to furnish plain, practical rules and examples for guidance in adjusting and locating a curve, nearly identical with the Cubic Parabola, as a Transition Curve in connecting circular curves with tangents.

In the investigation of the principles upon which the rules are based, it will be seen that with data consisting in great part of familiar approximations used in circular-curve location, and with no mathematics beyond a little algebra and trigonometry, practically exact results are reached in regard to laws of the Transition Curve and its relations to circular curves.

By means of Transition Curves of less than $15°$ of central angle, tangents can be connected with all circular curves used on railroads, their combined location presenting little, if any, more difficulty than ordinary circular-curve location.

The chords of each Transition Curve are all of the same length, but this length varies with each different rate of curvature of the connecting circular curve. By the use of the General Table, however, which applies to any chord length, the Transition Curve, whether laid off by angles or ordinates, is readily adjusted so as to connect with any circular curve, the two curves having the same rate of curvature, and a common tangent, at their point of connection.

All of the Transition Curves considered, when laid off by angles, begin with a 2-minute deflection angle for the first chord, irrespective of the length of the chord or the degree of the connecting circular curve; and, consequently, the field-work of location of all Transition Curves laid off by angles and with the same number of chords is the same, except for the change of the chord length in connecting with circular curves of different degrees of curvature, every connecting circular curve requiring a special chord length in the Transition Curve.

The ordinates for laying off any Transition Curve all depend upon its special chord length, but each ordinate of every Transition Curve can be obtained from a single line of the table by simply multiplying a quantity taken from it by the special chord length in decimals of 100 feet.

It was at first intended to give three tables for Transition Curves, beginning with deflection angles for the first chord of 1 minute, 2 minutes, and 3 minutes, respectively; but the former and latter were laid aside for the reason that the advantages of increased convenience and diminished liability to error, in having a single table to refer to, entirely outweigh that of being able to make rather nicer adjustments in a few cases, which is about all that would be gained by using the three tables instead of one. For such Transition Curves as are needed in practice the table given, based upon the initial deflection of 2 minutes, seems to be all that is required.

The word "connect," as applied to the junction of Transition and Circular curves, means that at their point of junction the two curves have always a common tangent, and, unless otherwise specified, the same rate of curvature.

The expression "central angle," when applied to the Transition Curve, means the total curvature between the tangent at the initial point and that at the other point considered.

Although the law governing the relations between deflection angles from the initial station of Transition Curves has been suggested heretofore, it may be as well to say that when first brought to the attention of the writer it was through results then already reached and embodied in the present General Table,—and also that he alone is responsible for any new departures either in the matter or the manner of this Field-book.

THE TRANSITION-CURVE FIELD-BOOK.

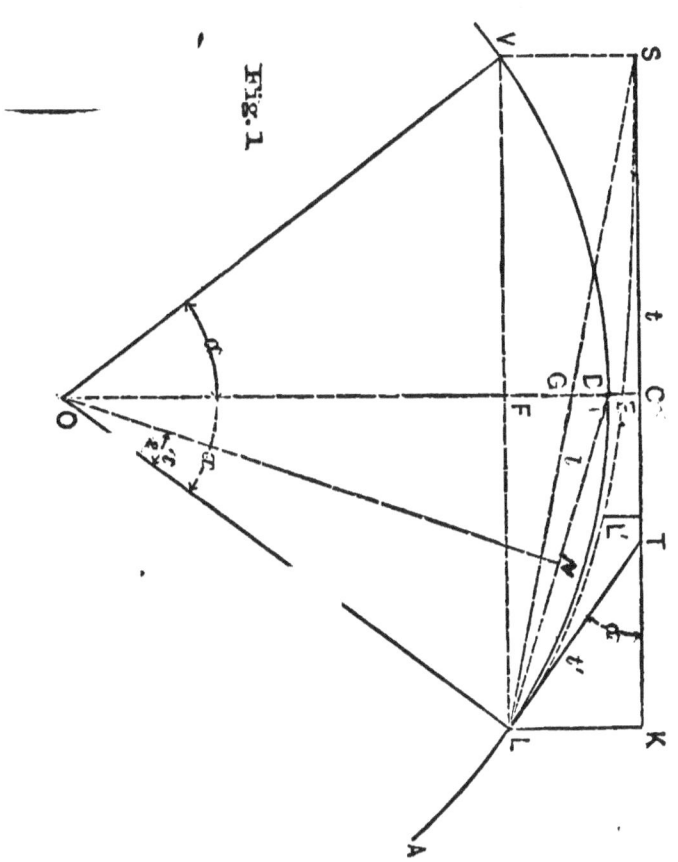

GENERAL PROPOSITION.

If a tangent SK and a circular arc DA are to be connected by a cubic parabola SEL of central angle α, the two curves to have a common tangent LT and the same rate of curvature at their junction L, the adjusted gap CD between tangent and circular curve will be one third of the middle ordinate FD of the circular arc of 2α, and one fourth of the terminal ordinate LK of the parabola.

Draw the circular arc AV; the chord VL subtending the central angle 2α; and the tangent LT. The cubic parabola of central angle α and terminal tangent LT will have its initial tangent SK parallel to VL. Through F, the middle of the chord LV, draw the radius OD and prolong it to C, making $CD = \dfrac{FD}{3}$. At L and V lay off LK and VS perpendicular to LV and equal to FC. Draw SK, which will be parallel to LV, and will pass through C. In a cubic parabola SEL the ordinate CE midway between S and K is to the ordinate LK at K as $\left(\dfrac{SK}{2}\right)^3$ is to $(SK)^3$, or

$$CE : LK :: \frac{1}{8} : 1 \quad \text{and} \quad CE = \frac{LK}{8}.$$

But by construction

$$CD = \frac{FD}{3} = \frac{FC}{4} = \frac{LK}{4}.$$

Hence $CD = 2CE$, and, consequently, the cubic parabola SEL will pass midway between C and D.

Denoting the middle ordinate FD of 2α by m, the gap CD by q, and the end ordinate LK by x; by substitution in last equation,

$$q = \frac{m}{3} = \frac{x}{4}, \quad \ldots \ldots \quad (1)$$

which was to be proved.

Also if another circular arc connects with the same parabola under the same conditions at any other point L', the same relations between the two curves exist; and using similar notation,

$$q' = \frac{m'}{3} = \frac{x'}{4}.$$

Denoting the radius of the circular arc LD by R, the parabola length SL by n, and taking $LD = \frac{n}{2}$; from similar triangles,

$$R : \frac{n}{4} :: \frac{n}{2} : m, \quad \text{and} \quad m = \frac{n^2}{8R}.$$

Substituting $\frac{5730}{D°}$ for R,

whence
$$m = \frac{D° n^2}{45840}, \quad \cdots \cdots (2)$$

$$q = \frac{m}{3} = \frac{D° n^2}{137520}, \quad \cdots \cdots (3)$$

$$D° = \frac{137520\, q}{n^2}, \quad \cdots \cdots (4)$$

$$n = \sqrt{\frac{137520\, q}{D°}}, \quad \cdots \cdots (5)$$

and
$$x = 4q = \frac{D° n^2}{34380}. \quad \cdots \cdots (6)$$

By similar deduction for the circular curve connecting with the parabola at L',

$$x' = 4q' = \frac{D'° n'^2}{34380},$$

whence
$$x : x' :: D° n^2 : D'° n'^2.$$

But considering x and x' as ordinates to the cubic parabola, approximately,

$$x : x' :: n^3 : n'^3. \quad \ldots \quad (7)$$

Therefore
$$D°n^2 : D'°n'^2 :: n^3 : n'^3,$$

and
$$D° : D'° :: n : n'. \quad \ldots \quad (8)$$

The central angles α and α' turned in the parabola from S to L and L', respectively, are measured by the circular arcs of the length $\frac{n}{2}$ and $\frac{n'}{2}$, and of degrees of curve $D°$ and $D'°$ per 100 feet. Therefore

$$\alpha = \frac{D°n}{200}, \quad \ldots \quad (9)$$

$$\alpha' = \frac{D'°n'}{200},$$

and
$$\alpha : \alpha' :: D°n : D'°n'.$$

Multiplying alternate terms of (8) by n and n',

$$D°n : D'°n' :: n^2 : n'^2.$$

Hence
$$\alpha : \alpha' :: n^2 : n'^2. \quad \ldots \quad (10)$$

If N signifies the number of chord lengths c in n, and N' the number of the same chord lengths c in n', then

$$n = cN \quad \text{and} \quad n' = cN';$$

and substituting these values of n and n' in (7),

(10), and (8), respectively, the following proportions result:

$$x : x' :: N^3 : N'^3, \quad \ldots \quad (11)$$

$$\alpha : \alpha' :: N^2 : N'^2, \quad \ldots \quad (12)$$

$$D^\circ : D'^\circ :: N : N'. \quad \ldots \quad (13)$$

Or, in words:

I. The ordinates at the chord stations are as the cubes of the station numbers.

II. The central angles from S to the chord stations are as the squares of the station numbers.

III. The degrees of curves connecting at the chord stations are directly as the station numbers.

In Fig. 1, $\dfrac{CG}{SG}$ is the sine of the deflection angle at S between tangent SK and chord SL. Call this deflection angle $\varDelta$.

The sine of one half the central angle α turned in the distance $\dfrac{n}{2}$ of circular arc, or n of parabola, is $\dfrac{FD}{LD}$.

But

$$CG = 2q \quad \text{and} \quad FD = 3q;$$

and taking

$$SG = LD = \frac{n}{2},$$

$$\sin \varDelta = 2q \div \frac{n}{2} = \frac{4q}{n},$$

$$\sin \tfrac{1}{2}\alpha = 3q \div \frac{n}{2} = \frac{6q}{n}.$$

Hence
$$\sin \Delta : 2 \sin \tfrac{1}{2}\alpha :: 4 : 12,$$

or approximately
$$\Delta : \alpha :: 1 : 3,$$

and
$$\Delta = \frac{\alpha}{3}. \quad \ldots \ldots \quad (14)$$

In words: The deflection angle at S between tangent SK and any chord station is one third of the corresponding central angle.

This relation between the central and deflection angles here roughly deduced by approximations is, when applied to the Transition Curve differing slightly from the cubic parabola, almost exact up to 14° 24′ of central angle, the limit of the General Table.

The greatest angular error is $\tfrac{15}{100}$ of one minute, or 9 seconds; this occurring in the deflection angle from S to station 12, which calculated by the formula $\dfrac{X}{Y} = \operatorname{tang} \Delta$ gives 4° 47′$\tfrac{85}{100}$, instead of 4° 48′ as recorded in the table. This discrepancy affects the ordinate at station 12 of a Transition Curve 500 feet long about 0.02; and for one of 10 stations 500 feet long the angular error reduces to 2 seconds, affecting the end ordinate less than 0.01.

The quantities in lines X and Y were originally obtained approximately from the formulas $X = 1\tfrac{1}{3}R$ versin α and $Y = \dfrac{n}{2} + R \sin \alpha$, after assuming c and calculating $D°$ by transposing (9) and α from

(12) on the basis of $a_j' = 6$ minutes. Then equations $\frac{X-X'}{Y-Y'} = \operatorname{tang} i$ and $\frac{X}{Y} = \operatorname{tang} \varDelta$ determined the angles i and $\varDelta$ as now recorded in the General Table. Afterward the quantities of lines X and Y were recalculated by summing the products of each chord into the sine and cosine, respectively, of its angle of inclination to the tangent SK.

The ordinates and ordinate distances X and Y thus obtained are for the chord stations of a Transition Curve of 100-foot chords; but for any other chord length the corresponding ordinates and ordinate distances x and y are directly proportional. As $\frac{x}{y}$ is the tangent of the deflection angle from S to the station corresponding to x, it follows that, when the same chord length is used, each station must necessarily fall in the same place whether laid off by ordinates or by deflection angles.

The length of any long chord (l) is

$$l = \frac{Y - Y'}{\cos i} \times \frac{c}{100}, \quad \ldots \quad (15)$$

in which Y and Y' are at the end stations of l, and i is the angle of its inclination to SK.

EXAMPLE. Long chord from 5 to 11 when $c = 40$. Taking Y_{11}, Y_5, and i for (**5**), (**11**) from table:

$$l = \frac{1095.13 - 499.91}{\cos 6° 42'} \times \frac{40}{100} = \frac{595.22}{.99317} \times 0.4 = 239.7.$$

if l begins at S (see Fig. 1), formula (15) becomes

$$l = \frac{Y}{\cos \varDelta} \times \frac{c}{100}.$$

EXAMPLE. Long chord S to 10 when $c = 25$.
Taking Y_{10} and Δ_{10} from table,

$$l = \frac{996.97}{.9983082} \times \frac{25}{100} = 249.66.$$

The length of tangent t from S to its intersection with tangent t' from L is

$$t = (Y - X \cotang \alpha)\frac{c}{100}, \quad . \quad . \quad (16)$$

in which X, Y and α refer to the station at L.

EXAMPLE. L at station 10; $c = 25$.
Taking Y_{10}, X_{10}, and α_{10} from table,

$$t = \frac{996.97 - 58.053 \times 5.671281}{4} = 166.93.$$

The length of tangent t' from L to its intersection with tangent SK is

$$t' = \frac{X}{\sin \alpha} \times \frac{c}{100}, \quad . \quad . \quad . \quad (17)$$

in which X and α refer to the station at L.

EXAMPLE. L at station 10; $c = 25$.
Taking X_{10} and α_{10} from table,

$$t' = \frac{58.053}{.1736482} \times \frac{25}{100} = 83.58.$$

In the triangle of sides l, t, and t' (STL, Fig. 1), the angles opposite these sides are respectively $180 - \alpha$, 2Δ, and Δ, and the correctness of the relation $\Delta = \frac{\alpha}{3}$ may be tested by substituting for

2Δ and Δ their values $\dfrac{2\alpha}{3}$ and $\dfrac{\alpha}{3}$, and recalculating t and t', with l and the angles as data, by the following trigonometrical proportions:

$$\sin(180° - \alpha) : \sin\tfrac{2}{3}\alpha :: l : t;$$

$$\sin(180° - \alpha) : \sin\tfrac{\alpha}{3} :: l : t'.$$

Whence, taking α_{10} from table,

$$t = \frac{l \sin 6° 40'}{\sin 10°} = \frac{249.66 \times .1160929}{.1736482} = 166.91,$$

and

$$t' = \frac{l \sin 3° 20'}{\sin 10°} = \frac{249.66 \times .0581448}{.1736482} = 83.60,$$

giving practically the same values as before.

As $\Delta = \dfrac{\alpha}{3}$, from proportion (10),

$$\Delta_N : \Delta_N' :: N^2 : N'^2,$$

making

$$N' = 1;$$

$$\Delta_N = \Delta_1 \times N^2;$$

and with the initial deflection angle $\Delta_1 = 2$ minutes,

$$\Delta_N = 2N^2. \quad \ldots \ldots \quad (18)$$

Making $N = 1, 2, 3$, etc., the angles of line Δ of the table result; and multiplying these by 3 gives the corresponding angles of line α.

The remaining angles of inclination i of the chords may be obtained by the formula

$$\frac{X - X'}{Y - Y'} = \tang i, \qquad (19)$$

in which X' and Y' are from the column giving the station at the end of the chord nearest S, and X and Y from the column giving the other end station.

For the chords from S to the other stations X' and Y' become 0, and (19) reduces to

$$\frac{X}{Y} = \tang \varDelta, \quad \ldots \ldots \quad (20)$$

giving the angles of line $\varDelta$.

As $\varDelta = 2N^2$ in minutes,

$$\alpha = \frac{6N^2}{60} = \frac{N^2}{10} \text{ in degrees.} \quad \ldots \quad (21)$$

Substituting $\frac{N^2}{10}$ for α in (9),

$$\frac{N^2}{10} = \frac{D°n}{200},$$

and

$$n = \frac{20N^2}{D°}. \quad \ldots \ldots \quad (22)$$

$D°n = 20N^2 = Z$ of table; whence

$$n = \frac{Z}{D°} \quad \text{and} \quad D° = \frac{Z}{n}.$$

Substituting for n its value Nc,

$$Nc = \frac{20N^2}{D^\circ} \quad \text{and} \quad c = \frac{20N}{D^\circ}. \quad . \quad . \quad (23)$$

As the Transition Curve of N stations passes through the middle of the adjusted gap q at station $\frac{N}{2}$ its ordinate at that point equals $\frac{q}{2}$; or

$$x_{\frac{N}{2}} = \frac{q}{2} \quad \text{and} \quad q = 2x_{\frac{N}{2}}.$$

From (23), $D^\circ = \frac{20N}{c}$. Therefore

$$q \times D^\circ = 2x_{\frac{N}{2}} \times \frac{20N}{c} = \frac{40N}{c} x_{\frac{N}{2}}, \quad . \quad (24)$$

making $c = 100$, $x = X$, and $qD^\circ = 0.4\, NX_{\frac{N}{2}}$.

When $N = 12$, $qD^\circ = 12.563 \times 4.8 = 60.302$.

As the values of q are proportional to those of x, or to N^3, and those of D° to N, the values of $q \times D^\circ$ are proportional to N^4. Therefore

$$\overline{12}^4 : 60.302 :: N^4 : qD^\circ,$$

and

$$qD^\circ = \frac{60.302 N^4}{\overline{12}^4} = 0.0029081 N^4. \quad . \quad (25)$$

Making $N = 1, 2, 3, 4$, etc., the values of $qD^\circ = Q$ of the table are obtained; whence

The values of $qD° = Q$ at the even stations tested by formula (24) result in $Q_2 = 0.0466$, $Q_4 = 0.7446$, $Q_6 = 3.770$, $Q_8 = 11.914$, and $Q_{10} = 29.084$, being practically the values given in the table.

The expression $q = \dfrac{x}{4}$, formula (1), in which x represents the ordinate to the cubic parabola at L, applies approximately to the Transition Curve, but not nearly enough for accurate work when L is beyond station 6. The actual relation between the values of the gap q and the end ordinate x is given in line F of the table, its values being simply those of q in decimal parts of x obtained from the division of q by x. As both q and x vary directly in proportion to the chord length, the expression $F = \dfrac{q}{x}$ is general, and in all cases

$$q = Fx. \quad \ldots \ldots \quad (26)$$

The factor F is used in determining q when the offset p is fixed.

Explanation of General Table.

All of the quantities in each column of the table have reference to the station of that column, except that the quantity Q always refers to a point midway between the station of its column and S.

Line N gives the station numbers of the Transition Curve, station 0 being at S.

The following relations exist between N and other quantities:

$$20N^2 = Z \text{ of table};$$

$$\frac{N^2}{10} = \alpha \text{ in degrees;}$$

$$2N^2 = \Delta \text{ in minutes;}$$

$$0.2N = D° \text{ when } c = 100;$$

$$20N = c \text{ when } D° = 1.$$

Line X gives the ordinates from the tangent SK to the stations of the Transition Curve of 100-foot chords.

For a chord c of any other length the station ordinate $x = X \times \dfrac{c}{100}$.

The values of X in the table are the sums of the products of the consecutive 100-foot chords multiplied each into the sine of its inclination to the tangent SK.

$$X = Y \tang \Delta,$$

$$x = 0.2NX \quad \text{when} \quad D° = 1.$$

Line Y gives the distances on the tangent SK from S to the station ordinates of the Transition Curve of 100-foot chords.

For a chord c of any other length the ordinate distance $y = Y \times \dfrac{c}{100}$.

The values of Y in the table are the sums of the products of the consecutive 100-foot chords, multiplied each into the cosine of its inclination to the tangent SK.

$$Y = X \cotang \Delta;$$

$$y = 0.2NY \quad \text{when} \quad D° = 1.$$

Line F gives the values of q at $\frac{n}{2}$ in decimal parts of x at n.

Its value is

$$F = \frac{Q}{0.2NX} = \frac{q}{x}.$$

Line Q gives at each station N the gap midway from N to S, between the tangent SK and the parallel tangent of a 1° curve connecting with the Transition Curve at N.

For any other degree of curve the gap $q = \frac{Q}{D^\circ}$.

The values of Q in the table are

$$qD^\circ = 0.0029081 N^4;$$

$$q = Q \quad \text{when} \quad D^\circ = 1.$$

As q is at the point midway between L and S it may fall at any whole or half station up to station 6, but not beyond.

Line Z gives the lengths of Transition Curves connecting with 1° curves at the several stations.

For any other degree of curve the length $n = \frac{Z}{D^\circ}$.

The value of Z in the table is

$$D^\circ Nc = 200\alpha = 20 N^2;$$

$$n = Z \quad \text{when} \quad D^\circ = 1.$$

Line C gives the semi-chord of the arc of a 1° circular curve of which α subtends half that arc,— and is used to simplify the determination of the position of S, the initial point of the Transition Curve.

Its value is
$$C = 5730 \sin \alpha.$$

For a circular curve of other than 1° the value of C is to be divided by $D°$, the degree of curve, in degrees and decimals.

Line α gives the central angles turned in the Transition Curve between tangent SK and the sub-tangents at the several chord stations.

Its value in degrees and decimals is

$$\alpha = \frac{N^2}{10} = \frac{cD°N}{200} = \frac{Z}{200};$$

versin $\alpha = 0.00002616 NX$.

Line Δ gives the deflection angles between tangent SK and the chords from S to the several chord stations.

Its value in minutes is

$$\Delta = 2N^2 = \frac{Z}{10};$$

$$\tan \Delta = \frac{X}{Y}.$$

The remaining lines of the table give the angles of inclination i of the chords to the tangent SK, each line giving the inclination of the chords from the station beginning that line to the stations forward of it.

$$\tan i = \frac{X - X'}{Y - Y'}.$$

Each angle in line Δ and those following it shows the inclination of a chord to the tangent SK,

GENERAL TABLE OF TRANSITION-CURVE ELEMENTS.

N	S	1	2	3	4	5	6	7	8	9	10	11	12
X	0	.0582	.4654	1.571	3.723	7.271	12.563	19.945	29.761	42.352	58.053	77.191	100.083
Y	0	100	200	299.99	399.97	499.91	599.77	699.49	799.01	898.22	996.97	1095.13	1192.47
F	0	.25	.25	.25	.25	.25	.25	.25004	.25015	.25028	.25047	.25072	.25105
Q	0	.0029	.0465	.2356	.7445	1.818	3.769	6.982	11.912	19.080	29.081	42.577	60.302
Z	0	20	80	180	320	500	720	980	1280	1620	2000	2420	2880
C	0	10	40	90	160	250.5	359.8	489.4	638.7	807.3	994.9	1201.0	1424.9
a	0	0°06'	0°24'	0°54'	1°36'	2°30'	3°36'	4°54'	6°24'	8°06'	10°00'	12°06'	14°24'
Δ	0	0°02'	0°08'	0°18'	0°32'	0°50'	1°12'	1°38'	2°08'	2°42'	3°20'	4°02'	4°48'
			0°14'	0°26'	0°42'	1°02'	1°26'	1°54'	2°26'	3°02'	3°42'	4°26'	5°14'
				0°38'	0°56'	1°18'	1°44'	2°14'	2°48'	3°26'	4°08'	4°54'	5°44'
					1°14'	1°38'	2°06'	2°38'	3°14'	3°54'	4°38'	5°26'	6°18'
						2°02'	2°32'	3°06'	3°44'	4°26'	5°12'	6°02'	6°56'
							3°02'	3°35'	4°18'	5°02'	5°50'	6°42'	7°38'
								4°14'	4°56'	5°42'	6°32'	7°26'	8°24'
									5°38'	6°26'	7°18'	8°14'	9°14'
										7°14'	8°08'	9°06'	10°08'
											9°02'	10°02'	11°06'
												11°02'	12°08'
													13°14'
		1	2	3	4	5	6	7	8	9	10	11	12

Equivalents.

$$c = \frac{n}{N} = \frac{\dot{Z}}{D°N} = \frac{20N}{D°} = \frac{20Nq}{Q} = \frac{100\dot{x}}{X} = \frac{100y}{Y};$$

$$n = cN = \frac{Z}{D°} = \frac{20N^2}{D°} = \frac{200\alpha}{D°};$$

$$D° = \frac{Z}{n} = \frac{Q}{q} = \frac{20N}{c} = \frac{200\alpha}{n};$$

$$y = \frac{cY}{100} = \frac{0.2NY}{D°} = \frac{cX}{100} \text{ cotang } \Delta;$$

$$x = \frac{cX}{100} = \frac{0.2NX}{D°} = \frac{cY}{100} \text{ tang } \Delta = \frac{Q}{D°F};$$

$$q = \frac{Q}{D°} = \frac{FXc}{100} = \frac{nQ}{Z} = \frac{cQ}{20N} = \frac{0.2NXF}{D°} = \frac{40N}{cD°}x_{\frac{N}{2}}.$$

When $c = 100$, $D° = 0.2N$, $n = 100N$, $q = FX$, $x = X$, $y = Y$.

When $D° = 1°$, $c = 20N$, $n = Z$, $q = Q$, $x = 0.2NX$, $y = 0.2NY$.

In this case $N = 5$, and

$$\alpha = \frac{25}{10} = 2°.5 = 2° \; 30'.$$

Observe that, in using the table, if N and c are given, the other elements, x, y, n, $D°$, and q, are readily obtained. Thus, take from column N the quantities X, Y, Q, and Z. Then from equivalents,

$$x = X \times \frac{c}{100}, \; y = Y \times \frac{c}{100}, \; cN = n, \; \frac{Z}{n} = D°, \; \frac{Q}{D°} = q.$$

The angles α and Δ are also taken from column N.

The elements include $D°$ because it is the rate of curvature of the Transition Curve at the junction L, as well as the degree of the circular curve.

If in addition to N some other element than c— as x, y, n, $D°$, or q—is given, from equivalents,

$$c = x \frac{100}{X} = y \frac{100}{Y} = \frac{n}{N} = \frac{Z}{D°N} = \frac{20Nq}{Q};$$

and with N and c known, the other elements are obtained as above.

If a value of the central angle α in one of the columns of the table is selected and any other element is known, the column containing the selected value of α fixes N, and the remaining elements are determined as in the last case.

Methods of determining the elements with other data than those above mentioned are shown in the Problems.

DEFINITIONS AND NOTES REFERRING TO PROBLEMS FOLLOWING.

S = Initial station of Transition Curve.

L = Point of junction of Transition and Circular Curves.

I = Angle of intersection of tangents to be connected by Transition and Circular Curves.

IS = Distance on tangent from S to intersection point.

P = Point on IS opposite the PC (or $P.T.$) of original Circular Curve.

SP = Distance on IS from S to P.

SK = Distance on tangent from S to point K, opposite L.

p = Unadjusted offset between given tangent and parallel tangent of circular curve to be connected with.

q = Adjusted gap between tangent SK and parallel tangent of connecting circular curve.

θ = Angle turned in arc from $P.C.C.$ to P when circular curve is compounded.

The radius corresponding to $D°$ is denoted by R; to $D'°$ by R'; to $D''°$ by R''.

When n, q, or other quantity is assumed approximately, this is expressed by n^a, q^a, etc.

When such expressions as x_L, x_N, Y_{10}, etc., are used $_L$, $_N$, $_{10}$, etc., indicate stations to which the larger letters refer.

The central angle α cannot exceed $\frac{1}{2}I$, and unless I is very small it is better that it should not much exceed $\frac{1}{3}I$.

When the degree of the connecting curve is less than 5°, by limiting the value of q to about 2 feet per degree of curve the length of the Transition Curve may be limited to about 500 feet. In any case q must not exceed $\dfrac{60.302}{D°}$.

All lengths are expressed in feet and decimals of a foot.

In this case $N = 5$, and

$$\alpha = \frac{25}{10} = 2°.5 = 2° \ 30'.$$

Observe that, in using the table, if N and c are given, the other elements, x, y, n, $D°$, and q, are readily obtained. Thus, take from column N the quantities X, Y, Q, and Z. Then from equivalents,

$$x = X \times \frac{c}{100}, \ y = Y \times \frac{c}{100}, \ cN = n, \ \frac{Z}{n} = D°, \ \frac{Q}{D°} = q.$$

The angles α and Δ are also taken from column N.

The elements include $D°'$ because it is the rate of curvature of the Transition Curve at the junction L, as well as the degree of the circular curve.

If in addition to N some other element than c—as x, y, n, $D°$, or q—is given, from equivalents,

$$c = x\frac{100}{X} = y\frac{100}{Y} = \frac{n}{N} = \frac{Z}{D°N} = \frac{20Nq}{Q};$$

and with N and c known, the other elements are obtained as above.

If a value of the central angle α in one of the columns of the table is selected and any other element is known, the column containing the selected value of α fixes N, and the remaining elements are determined as in the last case.

Methods of determining the elements with other data than those above mentioned are shown in the Problems.

DEFINITIONS AND NOTES REFERRING TO PROBLEMS FOLLOWING.

$S =$ Initial station of Transition Curve.
$L =$ Point of junction of Transition and Circular Curves.

$I =$ Angle of intersection of tangents to be connected by Transition and Circular Curves.

$IS =$ Distance on tangent from S to intersection point.

$P =$ Point on IS opposite the PC (or $P.T.$) of original Circular Curve.

$SP =$ Distance on IS from S to P.

$SK =$ Distance on tangent from S to point K, opposite L.

$p =$ Unadjusted offset between given tangent and parallel tangent of circular curve to be connected with.

$q =$ Adjusted gap between tangent SK and parallel tangent of connecting circular curve.

$\theta =$ Angle turned in arc from $P.C.C.$ to P when circular curve is compounded.

The radius corresponding to $D°$ is denoted by R; to $D'°$ by R'; to $D''°$ by R''.

When n, q, or other quantity is assumed approximately, this is expressed by n^a, q^a, etc.

When such expressions as x_L, x_N, Y_{10}, etc., are used $_L$, $_N$, $_{10}$, etc., indicate stations to which the larger letters refer.

The central angle α cannot exceed $\frac{1}{2}I$, and unless I is very small it is better that it should not much exceed $\frac{1}{3}I$.

When the degree of the connecting curve is less than 5°, by limiting the value of q to about 2 feet per degree of curve the length of the Transition Curve may be limited to about 500 feet. In any case q must not exceed $\frac{60.302}{D°}$.

All lengths are expressed in feet and decimals of a foot.

Problem I.

Transition Curve to be laid off by deflection angles. Required field-work and record of field-notes.

Given initial point S, chord length c, and number of chords N.

EXAMPLE. $c = 25$, $N = 10$.

CASE 1. Curve to be run from S to L.

Set the instrument over S, and if all the stations can be seen from that point, take from line Δ of table the deflection angles 2′, 8′, 18′, 32′, 50′, 1° 12′, 1° 38′, 2° 08′, 2° 42′, and 3° 20′, and with vernier at 0 on tangent SK deflect these angles successively for stations 1 up to 10; using the given chord length, 25 feet, between each two consecutive stations.

Move to station 10, and with vernier at 3° 20′ sight on S and turn to 10°, line α, giving the common tangent to Transition and Circular Curve, whence the latter is run as usual.

In this case

$$D° = \frac{Z}{cN} = \frac{2000}{25 \times 10} = 8°.$$

The field-notes are as follows, reading from the bottom upwards. S is supposed to fall at R.R. station 210 + 24. The distance column shows the total distances from S to the several stations measured by consecutive chords.

L 212 + 74 (10)	250	3° 20′	10°.00
(9)	225	2° 42′	
(8)	200	2° 08′	
(7)	175	1° 38′	
(6)	150	1° 12′	

THE TRANSITION-CURVE FIELD-BOOK. 23

	(5)	125	50'	
	(4)	100	32'	
	(3)	75	18'	
	(2)	50	8'	
	(1)	25	2'	
S 210 + 24	(0)	0	0'	$3°.20$

With instrument at (10) and vernier at 3° 20' sighted on S, by turning successively to 3° 42', 4° 08', 4° 38', etc., (column 10 of table,) the points set at 1, 2, 3, 4, etc., will be tested.

CASE 2. Instrument required to be set at intermediate stations between S and L, as (3) and (7).

Set over S and deflect from SK the angles 2', 8', and 18', line $\varDelta$, for stations (1), (2), and (3).

Move to (3), and with vernier at 18' sight on S, and turn to 1° 14', 1° 38', 2° 06', and 2° 38' (line (3), table) for stations (4), (5), (6), and (7).

Move to (7), and with vernier at 2° 38' sight on (3), and turn to 5° 38', 6° 26', and 7° 18' (line (7), table) for stations (8), (9), and (10).

Move to (10), and with vernier at 7° 18' sight on (7), and turn to 10°, line α, giving common tangent at (10) or L as before.

The field-notes are:

L 212 + 74	(10)⊙	250	7° 18'	$10°.00$
	(9)	225	6° 36'	
	(8)	200	5° 38'	
	(7)⊙	175	2° 38'	7° 18'
	(6)	150	2° 06'	
	(5)	125	1° 38'	
	(4)	100	1° 14'	
	(3)⊙	75	18'	2° 38'
	(2)	50	8'	
	(1)	25	2'	
S 210 + 24	(0)⊙	0	0	18'

The vernier readings repeated as backsights are underscored.

CASE 3. Curve run backward from L to S. Same data as before, except that L is given.

Set over $L = (10)$, and turn into tangent to the 8° curve.

With vernier at 10° and instrument on tangent at L, turn to 9° 02′, 8° 08′, and 7° 18′ (column (10), table), for stations (9), (8), and (7).

Move to (7), and with vernier at 7° 18′ sight on (10) or L, and turn to 4° 14′, 3° 38′, 3° 06′, and 2° 38′ (column (7), table) for stations (6), (5), (4), and (3).

Move to (3), and with vernier at 2° 38′ sight on (7), and turn to 38′, 26′, and 18′ (column (3), table) for stations (2), (1), and S.

Move to S, and with vernier at 18′ sight on (3), and turn to o, giving tangent SK.

The field-notes are:

```
S 212 + 74   (0)⊙ 250    18′    0°  0′
             (1)    225   26′
             (2)    200   38′
             (3)⊙ 175   2° 38′           18′
             (4)    150   3° 06′
             (5)    125   3° 38′
             (6)    100   4° 14′
             (7)⊙  75   7° 18′         2° 38′
             (8)     50   8° 08′
             (9)     25   9° 02′
L 210 + 24  (10)⊙    0  10° 00′         7° 18′
```

Whether the Transition Curve is run from S to L or from L to S, the notes given are to be read from the bottom upward.

Observe, generally, that when the Transition

Curve is to be run from S to L, the deflection angles are taken from the *lines* of the instrument stations in the table; and when from L to S they are taken from the *columns* of the instrument stations. Or, in other words, when the station to be sighted on is between the instrument station and L or at L, the corresponding vernier angle is in the *line* of the instrument station; and when the station to be sighted on is between the instrument station and S or at S, the corresponding vernier angle is in the *column* of the instrument station.

In all cases the vernier angle for turning into *tangent* is in line a and in column of instrument station.

If the chord length is given and any two station points of the Transition Curve are in position on the ground, the other stations can be readily reset. For instance, in a 12-chord Transition Curve with chord length known, and stations (4) and (9) in place, when the instrument is set over (4), with vernier at 4° 26' (line (4) column (9)), sight on (9), and for the stations from (5) to (12) turn to the corresponding angles from 2° 02' to 6° 56' of *line* (4), and for stations (3) to (S) turn to the corresponding angles from 1° 14' to 0° 32' of *column* (4). If the instrument is set at (9), with vernier at 4° 26' as before, sight on (4), and for the stations from (9) to (12) turn to the corresponding angles from 9° 02' to 11° 06' of *line* (9), and for stations (8) to S turn to the corresponding angles from 7° 14' to 2° 42' of *column* (9).

To turn into *tangent* at any point, with vernier reading the angle of inclination of any chord ending at the instrument station, sight on the station point at the other end of that chord, and turn the vernier to the angle of line α in the column of the instrument station. Thus, with instrument at (9), sight on any station, as (4), with vernier at 4° 26′, (or on (2) with vernier 3° 26′, or on (12) with verneir 11° 06′), and turn vernier to 8° 06′ for tangent.

When the instrument is at S, sight on any station with vernier at the corresponding angle in line Δ, and turn to 0 for tangent; when the instrument is at L, sight on any station with vernier at the corresponding angle in column L, and turn to angle α in column L for tangent.

Thus with instrument at S, sight on (10) with vernier 3° 20′ (or (11) with vernier 4° 02′), and turn to 0 for tangent. With instrument at $L = (10)$, sight on S with vernier 3° 20′ (or on (3) with vernier 4° 38′), and turn to 10° for tangent.

In running the Transition Curve, the vernier reading used in setting the station moved *to* is always the vernier reading to be used for backsight on the station moved *from*.

As all the angles in the table represent the inclination of chords (or sub-tangents in line α) to the tangent SK, the field test of the correctness of any angle turned in accordance with the foregoing instructions is as follows:

When the instrument with its proper vernier reading is sighted on a station and the vernier is then turned to 0, the telescope will be parallel to tangent SK, and the needle will give its bearing.

This will in all cases give a practical answer to the question whether to set the vernier to the right or to the left of 0, because when the instrument is sighted on a station with the vernier properly set, and the vernier then turned to 0, the needle will give the bearing of tangent SK, whilst if set on the wrong side of o, the needle will show the error doubled.

This test is of course applicable at any station whilst running in the Transition Curve, and by its use angular errors, if there are any, are readily found and corrected.

Problem II.

To lay off the Transition Curve by ordinates.

Given initial point S on tangent SK, chord length c, and number of stations N.

Example. $c = 25$, $N = 10$. The ordinate lengths, $X \times \frac{c}{100}$, for stations (1), (2), (3), etc., are $\frac{.0582}{4}$, $\frac{.4564}{4}$, $\frac{1.571}{4}$, etc., = .015, .12, .39, .93, 1.82, 3.14, 4.99, 7.44, 10.59, and 14.51. Similarly the ordinate distances from S measured on tangent SK are $Y \times \frac{c}{100} = 25, 50, 75, 99.99, 124.98, 149.94, 174.87, 199.75, 224.55$, and 249.24.

Measure the ordinate distances from S, and set off the corresponding ordinate lengths at right angles to SK. The station points should be tested by consecutive chord measurements.

The rule for laying off the Transition Curve by ordinates applies to all cases when S, c, and N are determined. The ordinate lengths and distances vary with every change in the chord length, but are always obtained as in the example just given.*

---

* In the problems following, the solutions are given for locating by deflection angles, but after determining c, S, and N, the Transition Curves in all cases may be laid off by ordinates as in Problem II.

Problem III.

The angle of intersection I *of two tangents being given, to connect them with a circular curve of any given degree of curvature* D° *by Transition Curves having a common tangent and the same rate of curvature* D° *at their points of junction* L *and* L' *with the circular curve.*

The example in each of the five cases following gives the elements of only one of the two Transition Curves, but applies to both.

In figure 2,

$$IS = IP - PK + KS.$$

But

$$IP = OP \text{ tang } \tfrac{1}{2}I = (OB + BP) \text{ tang } \tfrac{1}{2}I$$
$$= (R+q) \text{ tang } \tfrac{1}{2}I;$$

$$PK = LM = R \sin \alpha = \frac{5730 \sin \alpha}{D°} = \frac{C}{D°};$$

$$KS = y = Yx \frac{c}{100};$$

and by substitution in the first equation,

$$IS = (R+q) \text{ tang } \tfrac{1}{2}I + \frac{cY}{100} - \frac{C}{D°}. \quad (27)$$

In formula (27), which applies to all the cases of this problem (but not in the formulas of other problems following), $\frac{n}{2}$ may be substituted for $\frac{cY}{100} - \frac{C}{D°}$.

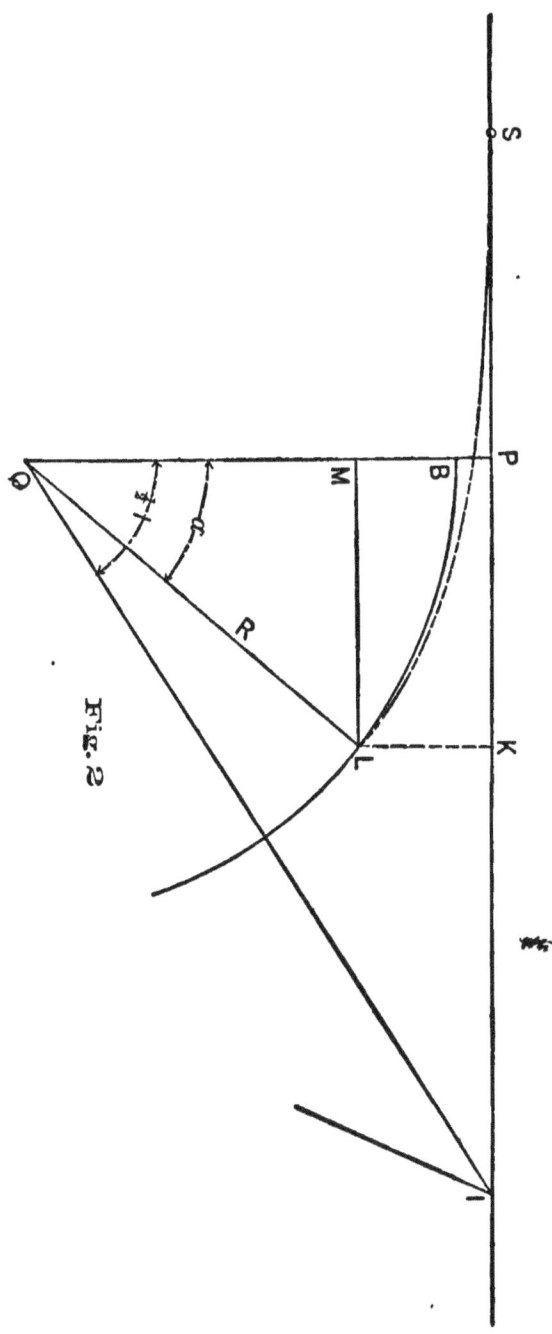

Fig. 2

CASE 1. Given the degree of circular curve $D°$, the number of stations N, and the intersection angle I.

Rule. Take from column N of table the quantities Y, Q, Z, and C.

Then from equivalents $\dfrac{Z}{D°N}=c$, $Nc=n$, $\dfrac{Q}{D°}=q$.

Find IS by (27), and lay off the Transition Curve as in Problem I or II.

EXAMPLE. $D° = 8°$, $N = 12$, $I = 50°$.

From column N_{12} of table, $Y_{12} = 1192.47$, $Q_{12} = 60.302$, $Z_{12} = 2880$, $C_{12} = 1424.9$.

$$\frac{Z}{D°N} = \frac{2880}{8 \times 12} = c = 30; \quad 30 \times 12 = n = 360;$$

$$\frac{Q}{D°} = \frac{60.302}{8} = q = 7.538;$$

$$IS = (R+q)\ \text{tang}\ \tfrac{1}{2}I + \frac{cY}{100} - \frac{C}{D°}$$

$$= (716.8 + 7.5)0.46631 + \frac{30 \times 1192.5}{100} - \frac{1424.9}{8}$$

$$= 337.75 + 357.75 - 178.1 = 517.4.$$

Measure 517.4 from I to S and S' on the two tangents. From S lay off the Transition Curve by angles (Problem I) or by ordinates (Problem II) with chord length 30. From L (sta. N_{12}) the 8° curve is to be run in for the angle $50° - 2\alpha = 21° \ 14'$ to L' of the second Transition Curve, which is to be run backward to S' on the second tangent:

Or both Transition Curves may be run forward from S and S', and the common tangents at L and

L' run to intersection before putting in the 21° 14′ of 8° curve.

If the Transition Curves are located by ordinates, in order to get the common tangent at L set the instrument over L, and with the vernier at $\varDelta_{12}$, sight on S and turn to α_{12} for the tangent at L: or if S cannot be seen from L, set the vernier at i for any long chord ending at L, sight on the station at the other end of the long chord and turn to α_{12}. In the present case, for example, if S can be seen from L, set the vernier at 4° 48′, sight on S and turn to 14° 24′ for the common tangent: or if (4) is the nearest station to S that can be seen, set the vernier at i for chord (4) (12), or at 6° 56′, sight on (4), and turn to 14° 24′ for tangent. To get common tangent at L', substitute L' and S' for L and S in above description.

Similar field-work is required in all of the cases of Problem III.

A very convenient test of the arithmetical values of c and q as calculated, in all of the problems, is $\dfrac{cNQ}{10q} = \varDelta$ in minutes. In the present case

$$\frac{30 \times 12 \times 60.302}{10 \times 7.538} = \varDelta_{12} = 288' = 4° 48'.$$

CASE 2. Given $D°$, I, and approximate length of Transition Curve n^a.

Rule. Take from the table the value of Z nearest to $D° \times n^a$, and from the same column N, Q, C, and Y.

Then from equivalents $\dfrac{Z}{D°} = n$, $\dfrac{n}{N} = c$, $\dfrac{Q}{D°} = q$.

For the rest proceed as in Case 1.

EXAMPLE. $D^\circ = 8$, $n^a = 300$, $I = 42^\circ$, $D^\circ \times n^a = 8 \times 300 = 2400$, and nearest $Z = 2420$ from column N_{11}. Take out $Q_{11} = 42.597$, $Y_{11} = 1095.13$, $C = 1201.0$.

$$\frac{Z}{D^\circ} = \frac{2420}{8} = n = 302.5; \quad \frac{302.5}{11} = c = 27.5;$$

$$\frac{Q}{D^\circ} = \frac{42.577}{8} = q = 5.322.$$

$$IS = (1146.3 + 5.3) \cdot 38386 + \frac{27.5 \times 1095.13}{100} - \frac{1201.0}{5}$$

$$= 442.05 + 301.16 - 240.2 = 503.0.$$

CASE 3. Given D°, I, and α assumed as equal to one of its values in the table. If I is less than about 40°, assume α between $\frac{1}{3}I$ and $\frac{1}{4}I$.

Rule. Find the desired value of α in the table, and from the same column take out the quantities Z, Q, C, and Y, and proceed as in Case 2.

EXAMPLE. $D^\circ = 5$, $I = 20^\circ\ 20'$, and α from column $N_8 = 6^\circ\ 24'$.

$Z_8 = 1280$, $Q_8 = 11.912$, $C_8 = 638.7$, $Y_8 = 799.01$;

$$\frac{1280}{5} = n = 256; \quad \frac{256}{8} = c = 32; \quad \frac{11.912}{5} = q = 2.382.$$

$$IS = (1146.3 + 2.4) \cdot 0.17933 + 799 \times 0.32 - \frac{638.7}{5}$$

$$= 206.0 + 255.7 - 127.7 = 334.0.$$

CASE 4. Given D°, I, and approximate gap q^a. Note that $q^a \times D^\circ$ must not exceed about 60.302.

THE TRANSITION-CURVE FIELD-BOOK. 33

Rule. Take from table the value of Q nearest to $q^a \times D°$, and from same column Z, C, and Y. Proceed as before.

EXAMPLE. $D° = 20°$, $I = 50°$, $q^a = 1.5$, $1.5 \times 20 = 30$. Nearest Q from column $N_{10} = 29.081$; and $Z_{10} = 2000$, $C_{10} = 994.9$, $Y_{10} = 996.97$.

$$\frac{29.081}{20} = q = 1.454; \quad \frac{2000}{20} = n = 100; \quad \frac{100}{10} = c = 10;$$

$$IS = (287.9 + 1.5)\, 1.19175 + 997 \times 0.1 - \frac{994.9}{20}$$

$$= 344.8 + 99.7 - 49.7 = 394.8.$$

CASE 5. Given I, N, and chord length c. In this case $D°$ cannot be assumed.

Rule. From column N take Q, Z, C, and Y, and from equivalents,

$$\frac{c}{C}N = n, \quad \frac{Z}{n} = D°, \quad \frac{Q}{D°} = q.$$

Proceed as before.

EXAMPLE. Given $I = 40$, $C = 30$, $N = 9$. From column 9 of table $Q_9 = 19.080$, $Z_9 = 1620$, $C_9 = 807.3$, $Y_9 = 898.22$.

$$30 \times 9 = n = 270; \quad \frac{1620}{270} = D° = 6°; \quad \frac{19.08}{6} = q = 3.18;$$

$$IS = (955.4 + 3.2)\, 0.36397 + 898.2 \times 0.3 - \frac{807.3}{6}$$

$$= 348.9 + 269.5 - 134.6 = 483.6.$$

34 THE TRANSITION-CURVE FIELD-BOOK.

Problem IV.

To locate the Transition Curve when both circular curve and tangent are fixed in position, and the offset p *is less than about* $\dfrac{60}{D°}$.

Given I, $D°$, and p.

In the figure, $R =$ the radius of the given curve, and $BP =$ the given offset p. Also $LK =$ the end ordinate x, and $B'P' =$ gap q.

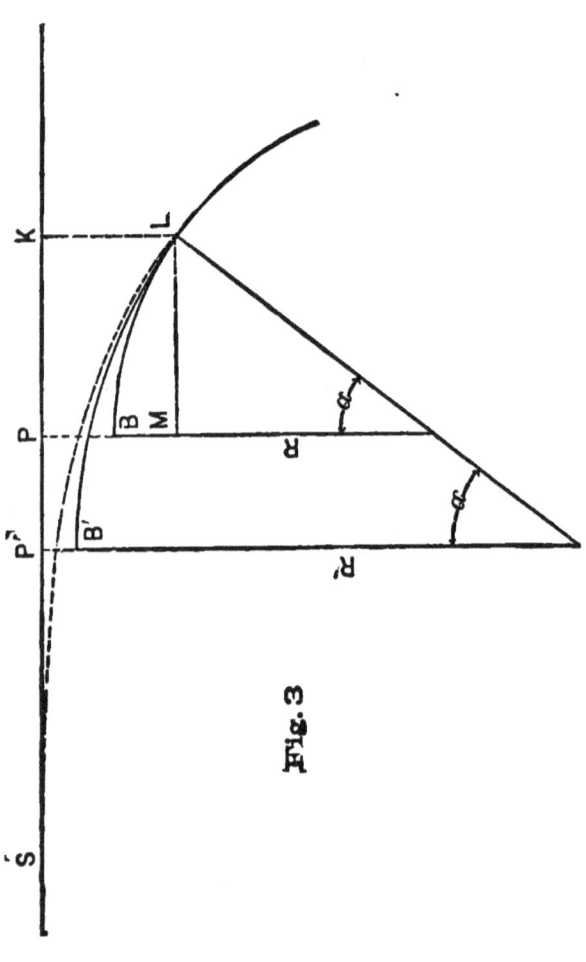

Fig. 3

$$LK = x = MB + BP = R \text{ versin } \alpha + p,$$

and

$$q = Fx = F(R \text{ versin } \alpha + p). \quad \ldots \quad (28)$$

$$SP = SK - KP;$$

$$SK = \frac{cY}{100}; \quad KP = \frac{C}{D^\circ}.$$

Therefore

$$SP = \frac{cY}{100} - \frac{C}{D^\circ}. \quad \ldots \ldots \ldots \quad (29)$$

Rule. Take from table the value of Q next lower than $p \times D^\circ$, and from same column $Z, F, Y, C,$ and α.

Find q by (28).

$$\frac{Q}{q} = D'^\circ, \quad \frac{Z}{D'^\circ} = n, \quad \frac{n}{N} = c.$$

Find SP by (29).

EXAMPLE. $I = 36$, $D^\circ = 6$, $p = 9$. Then $pD^\circ = 54$, and next lower value of Q (from table) is $Q_{11} = 42.577$; and $Z_{11} = 2420$, $F_{11} = .25072$, $Y = 1095.13$, $C = 1201.0$, $\alpha = 12^\circ 06'$.

$$q = .15072(955.4 \times .022217 + 9) = 7.578;$$

$$\frac{42.577}{7.578} = D'^\circ = 5^\circ.6185 = 5^\circ 37';$$

$$\frac{2420}{5.6185} = n = 430.72; \quad \frac{430.72}{11} = c = 39.16;$$

$$SP = \frac{39.16 \times 1095.13}{100} - \frac{1201.0}{6}$$

$$= 428.85 - 200.17 = 228.68.$$

At L the Transition Curve rate is 5° 37', and the circular curve rate 6°.

NOTE.—In cases where $p \times D°$ is nearly equal to the nearest value of Q, that and the corresponding table quantities should be taken even when Q is greater than $p \times D°$. The resulting rate of curvature of the Transition Curve at L will be somewhat greater than that of the connecting circular curve, and will call for a greater elevation of the outer rail; but this difference is too slight to be of any practical importance. On the other hand, the actual difference between the rates of curvature of the two curves at L will be less, in such cases, than when the next lower value of Q and the corresponding table quantities are taken.

SECOND EXAMPLE under Problem IV (see preceding note).

$I = 36°$, $D° = 6$, $p = 9$, $pD° = 54$ as before. The nearest value of Q is $Q_{12} = 60.302$; and $F_{12} = .25105$, $Z_{12} = 2880$, $C_{12} = 1424.9$, $Y_{12} = 1192.47$, $\alpha_{12} = 14° 24'$; and from (28),

$$q = F(R \text{ versin } \alpha + p)$$

$$= .25105(955.4 \times .03142 + 9) = 9.7956;$$

$$\frac{60.302}{9.7956} = D'° = 6°.156 = 6° 09\tfrac{1}{3}';$$

$$\frac{2880}{6.156} = n = 467.83; \quad \frac{476.83}{12} = c = 38.99;$$

$$SP = \frac{38.99 \times 1192.47}{100} - \frac{1424.9}{6}$$

$$= 464.94 - 237.48 = 227.46.$$

At L the Transition Curve rate is 6° 09⅓' and the circular curve rate 6°.

Problem V.

To locate the Transition Curve when both circular curve and tangent are fixed in position and the offset p *is greater than about* $\frac{60}{D°}$.

Given I, $D°$ and p.

In Fig. 4, $B'P' = p'$; $BP = p$; $R = $ radius of given curve $D°$; and $\theta = $ central angle from *P.C.C.* to point of tangent parallel to *SK*.

$$M'B' - MB = BP - B'P' = p - p'.$$

But $M'B' = R'$ versin θ and $MB = R$ versin θ. Therefore $(R' - R)$ versin $\theta = p - p'$ and

$$\text{versin } \theta = \frac{p - p'}{R' - R}. \quad \ldots \quad (30)$$

and
$$\dot{x} = LK = R \text{ versin } \alpha + p',$$
$$q = Fx = (R \text{ versin } \alpha + p')F. \quad \ldots \quad (31)$$

$$SP = SK - KP' + P'K' - K'P$$
$$= \frac{cY}{100} - \frac{C}{D°} + (R' - R)\sin \theta. \quad \ldots \quad (32)$$

Rule. Assume $D'°$ about $0.9 D°$ and p' not greater than about $\frac{60}{D'°}$.

Find θ from (30).

Take from column giving Q next lower than $p' \times D'°$ the quantities Q, Z, C, Y, F, and α.

Find q from (31).

$$\frac{Q}{q} = D''°, \quad \frac{Z}{D''°} = n, \quad \frac{n}{N} = c.$$

38   THE TRANSITION-CURVE FIELD-BOOK.

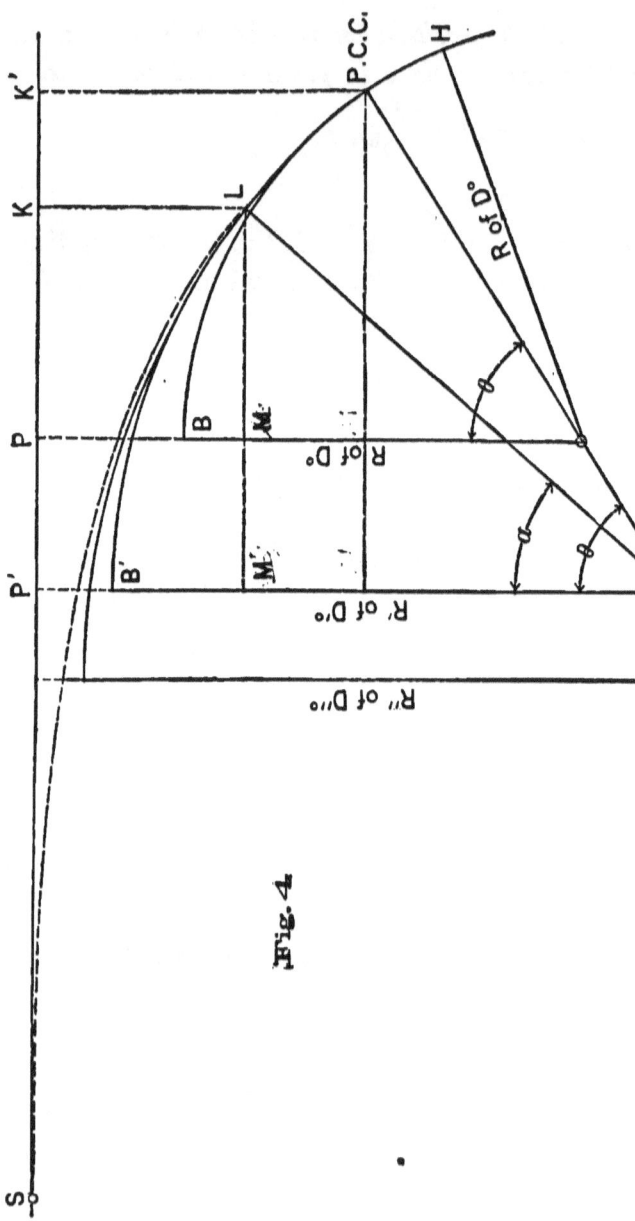

Find *SP* from (32).

THE TRANSITION-CURVE FIELD-BOOK. 39

EXAMPLE. $I = 60°$, $D° = 8°$, $p = 16$.
Assume $D'° = 7°$, $p' = 9$.
From (30)

$$\frac{16 - 9}{819.02 - 716.24} = \frac{7}{102.24} = 0.06846 = \text{versin } \theta$$

$$= \text{versin } 21° 19'.$$

$7 \times 9 = 63$. From N_{12}, $Q_{12} = 60.302$, $Z_{12} = 2880$, $C_{12} = 1424.9$, $Y_{12} = 1192.47$, $F_{12} = .25105$, $\alpha_{12} = 14° 24'$.

$(819.02 \times 0.03142 + 9) \, 0.25105 = q = 8.72$.

$$\frac{60.302}{8.72} = D''° = 6°.915 = 6° 55';$$

$$\frac{2880}{6.915} = n = 416.5; \quad \frac{416.5}{12} = c = 34.71.$$

$$SP = \frac{34.71 \times 1192.5}{100} - \frac{1424.9}{7} + (819.02 - 716.24).3635$$

$$= 413.92 - 203.56 + 37.16 = 247.5.$$

Measure 247.5 feet from P and put in S. Run in Transition Curve from S with 12 chords each 34.71 long. From L (station 12) run 7° curve for 21° 19' − 14° 24' = 6° 55' to *P.C.C.*, there connecting with the 8° curve.

The point S may be determined on the ground without calculating SP, by running in the 6° 55' of 7° curve from *P. C. C.* to L; turning off 90° − α outwardly from the tangent at L and intersecting

SK at K; and thence measuring $\frac{cY}{100} = 413.92$ to S:
or the Transition Curve may be run in backward from L without first determining the position of S. When convenient, however, it is better to fix both S and L before running in SL.

In this example the rate of curvature of the Transition Curve is $6°\,55'$ at L, its junction with the $7°$ curve.

The difference in the rates of the Transition and Circular Curves at L need not absolutely be less than at other $P.C.C.$'s of the line; but in order properly to adjust the superelevation of the outer rail, the differences in the rates of curvature at all points of compound curve should be as small as circumstances will permit.

Problem V is limited by the conditions that θ must be less than $\frac{1}{2}I$ and greater than α. If θ as calculated is greater than $\frac{1}{2}I$, increase either the assumed value of p' or of the radius of $D'°$; and if the calculated θ is less than α, diminish one or the other of these assumed quantities.

It is always practicable, and in some cases preferable, to find the external distance HI from the middle of the curve $D°$ to the intersection of tangents ($HI = (R + p)$ exsec $\frac{1}{2}I + p$), and substitute Problem VII for Problem V.

Problem VI.

Line to be held over the middle portion of a circular curve of large central angle connecting two tangents, to shift curve inwards at the ends and put in Transition Curves.

Given $D°$ and point of curve (or tangent) P.
In the figure, $BP' = q$.

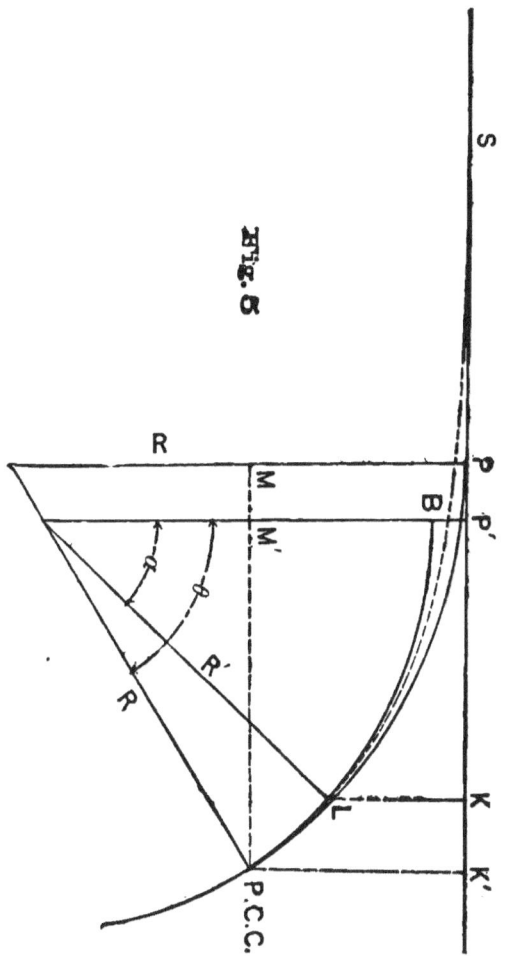

Fig. 5.

$$q = MP - M'B = R \text{ versin } \theta - R' \text{ versin } \theta,$$

and

$$\text{versin } \theta = \frac{q}{R - R'} \quad \cdots \quad (33)$$

$$SP = SK - KP' + P'K' - K'P,$$

$SK = \dfrac{cY}{100}$, $KP' = \dfrac{C}{D'^5}$, $P'K' = R' \sin \theta$, and $K'P = R \sin \theta$.

Therefore

$$SP = \frac{cY}{100} - \frac{C}{D'^\circ} - (R - R')\sin\theta. \quad (34)$$

Rule. Assume the curve D'° at the ends about 1.1 D°, and $q^a = 4$ feet or less. Take from table Q nearest to $q^a \times D'^\circ$, and from same column Z, C, and Y.

$$\frac{Q}{D'^\circ} = q, \quad \frac{Z}{D'^\circ} = n, \quad \frac{n}{N} = c.$$

Find θ by (33), and SP by (34).

EXAMPLE. $D^\circ = 8$, $q^a = 3$.

Assume $D'^\circ = 8^\circ.8$; $3 \times 8.8 = 26.4$.

From column N_{10}, $Q = 29.081$; and $Z_{10} = 2000$, $C_{10} = 994.9$, $Y_{10} = 996.97$.

$$\frac{29.081}{8.8} = q = 3.305;$$

From (33)

$$\frac{3.305}{716.8 - 651.7} = \text{versin } \theta = 0.05077 = \text{versin } 18^\circ 20';$$

$$\frac{2000}{8.8} = n = 227.3; \quad \frac{227.3}{10} = c = 22.73.$$

From (34)

$$SP = \frac{22.73 \times 996.97}{100} - \frac{994.9}{8.8} - 65.1 \times 0.31454$$

$$= 226.6 - 113.1 - 20.5 = 93.0.$$

From S to $P.C.C.$ via $P = 93 + \frac{18\frac{1}{3} \times 100}{8} = 322.2$.

" " " " $L = 227.3 + \frac{(18\frac{1}{3} - 10)100}{8.8}$

$$= 322.0.$$

Run Transition Curve of 10 chords of 22.73 each from S to L; then the 8° 48' curve for $\theta - \alpha = 18° 20' - 10° = 8° 20'$ to $P.C.C.$

Problem VII.

Given the intersection angle I *of two tangents connected by the circular curve* D°, *to change the degree of curve without moving the position of its middle point, and insert Transition Curves between tangents and circular curve.*

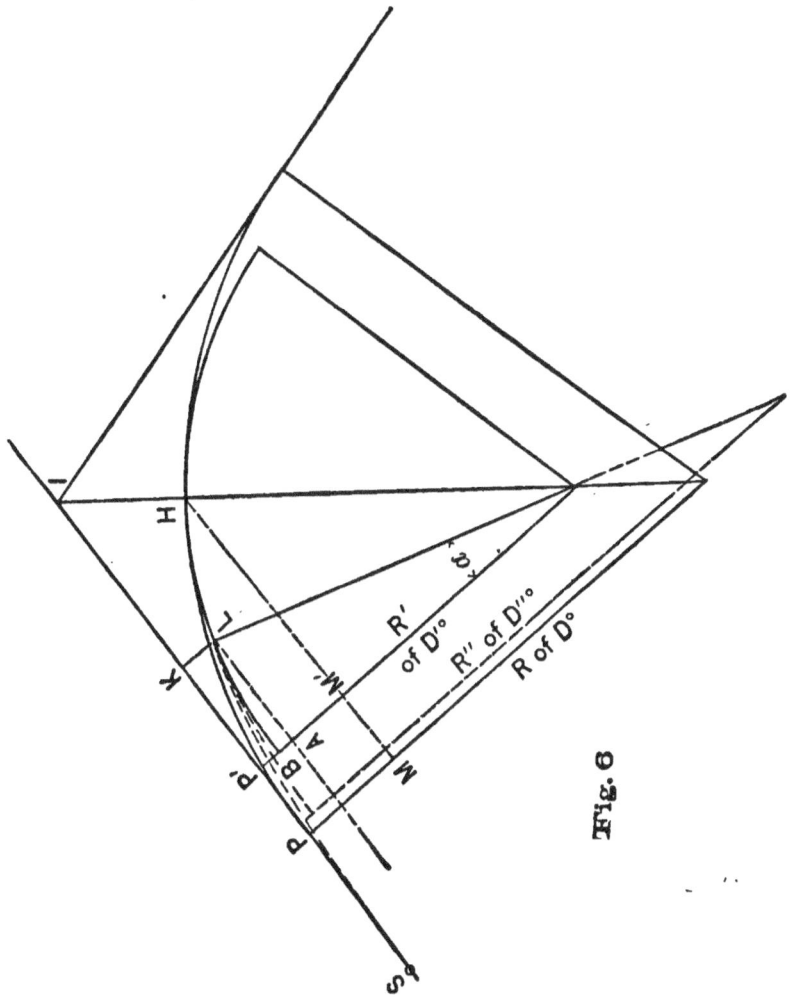

Fig. 6

From the figure, $M'B = MP - BP'$. But $M'B = R'$ versin $\frac{1}{2}I$, $MP = R$ versin $\frac{1}{2}I$, and $BP' = p$; hence

$$R' \text{ versin } \tfrac{1}{2}I = R \text{ versin } \tfrac{1}{2}I - p. \quad . \quad (35)$$

Assume p^a, and

$$R'^a = R - \frac{p^a}{\text{versin } \tfrac{1}{2}I}. \quad . \quad . \quad (36)$$

Find the value of D'° from radius R'^a to the nearest even minute, and take the exact radius R' corresponding to D'°. Then from (35),

$$p = (R - R')\text{versin } \tfrac{1}{2}I. \quad . \quad . \quad (37)$$

$$x = LK = AB + BP' = R' \text{ versin } \alpha + p,$$

and

$$q = Fx = F(R' \text{ versin } \alpha + p). \quad . \quad (38)$$

$$IS = IP' - P'K + KS$$
$$= (R'+p) \text{ tang } \tfrac{1}{2}I - \frac{C}{D'^\circ} + \frac{cY}{100}. \quad . \quad . \quad . \quad (39)$$

Rule. Find R' of D'° from (36), and p from (37). Take Q next lower than pD'°, and from the same column Z, F, Y, C, and α.

Find q from (38).

$$\frac{Q}{q} = D''^\circ, \quad \frac{Z}{D'^\circ} = n, \quad \frac{n}{N} = c.$$

Find IS from (39).

EXAMPLE. $I = 40$, $D° = 6$.

Assume $p^a = 4$, then $R'^a = 955.4 - \dfrac{4}{.060308}$
$= 955.4 - 66.3 = 889.1$. To the nearest even minute $D'° = 6° 26'$ and $R' = 891.1$.

$$p = (955.4 - 891.1).060308 = 3.878;$$

$3.878 \times 6°.43 = 24.9$. Next lower value of Q is $Q_9 = 19.08$; and $F_9 = .25028$, $\alpha_9 = 8° 06'$, $Z_9 = 1620$, $C_9 = 807.3$, $Y_9 = 898.22$.

$0.25028 (891.1 \times 0.009976 + 3.878) = q = 3.1955;$

$$\dfrac{19.08}{3°.1955} = D''° = 5°.97 = 5° 59';$$

$$\dfrac{1620}{5.97} = n = 271.36; \quad \dfrac{271.36}{9} = c = 30.15.$$

$$IS = (891.1 + 3.9)0.36397 - \dfrac{807.3}{6.43} + \dfrac{30.15 \times 898.22}{100}$$

$= 325.7 - 125.5 + 270.8 = 471.0.$

At L the Transition Curve with rate of curvature $D''° = 5° 59'$ connects with circular curve $D'° = 6° 26'$.

EXAMPLE. Same as last, except that the value of Q taken is *nearest to* $p \times D'°$.

$R' = 891.1$ and $p = 3.878$ are found as before. The nearest Q to 24.9 is $Q_{10} = 29.081$; and $F_{10} = 0.25047$, $\alpha_{10} = 10°$, $Z_{10} = 2000$, $C_{10} = 994.9$, $Y_{10} = 996.97$.

$.25047\,(891.1 \times 0.015192 + 3.878) = q = 4.362;$

$$\frac{29.081}{4.362} = D''^\circ = 6^\circ.667 = 6^\circ\ 40';$$

$$\frac{2000}{6.667} = n = 300;\quad \frac{300}{10} = c = 30.$$

$IS = (891.1 + 3.9)\,0.36397 - \dfrac{994.7}{6.433} + \dfrac{30 \times 997}{100}$

$\quad = 325.7 - 154.6 + 299.1 = 470.2.$

At L the Transition Curve with rate of curvature $D''^\circ = 6^\circ\ 40'$ connects with circular curve $D'^\circ = 6^\circ\ 26'$.

Problem VIII.

To pass a circular curve through a point H (*Fig.* 6) *given by its radial distance* HI *from* I, *the circular curve to be connected by Transition Curves with tangents intersecting at* I.

Rule. Find R, the radius of the circular curve touching both tangents, by the formula $R = \dfrac{HI}{\text{ex sec }\frac{1}{2}I}$, and proceed as in Problem VII.

Example. $I = 40$, $HI = 61.32$, $R = \dfrac{61.32}{.06418} = \dfrac{61.32 \times .93969}{.06031} = 955.4$, and $D^\circ = 6^\circ$. The remainder of this example is exactly as in the examples given under Problem VII, if p^a be assumed $= 4.0$.

THE TRANSITION-CURVE FIELD-BOOK. 47

EXAMPLE 2, Problem VIII.

Given $I = 60$, $HI = 125$, $R = \dfrac{125}{.1547} = 857.9$.

Assume $p^a = 5$, $R'^a = 857.9 - \dfrac{5}{.133975} = 820.5$.

Take $R' = 819.0$, $D''^\circ = 7°$; then (Form ª37)

$p = (857.9 - 819.0).133975 = 5.212$.

$5.212 \times 7 = 36.7$. Next lower Q is $Q_{10} = 29.081$; and $F_{10} = 0.25047$, $\alpha_{10} = 10°$, $Z_{10} = 2000$, $C_{10} = 994.9$, $Y_{10} = 996.97$.

$.25047 (819.0 \times 0.01592 + 5.212) = q = 4.571$;

$\dfrac{29.081}{4.571} = D''^\circ = 6°.362 = 6° 22'$;

$\dfrac{2000}{6.362} = n = 314.4$; $\dfrac{314.4}{10} = c = 31.44$;

$IS = (819.0 + 5.2).57735 - \dfrac{994.9}{7} + \dfrac{31.44 \times 997}{100}$

$= 475.8 - 142.1 + 313.5 = 647.2$.

At L the Transition Curve rate is $6° 22'$, the circular curve $7°$.

PROBLEM IX.

With track laid over a circular curve of small central angle connecting two tangents, to shift the middle of curve outward and ends of curve inward and connect with same tangents by Transition Curves.

In order to hold the road-bed as nearly as may be, if the shift at the middle is h outward, that at the ends should be about $2h$ inward.

In the figure (7), $OP = R$ of $D°$, and $O'B' = R'$ of $D'°$.

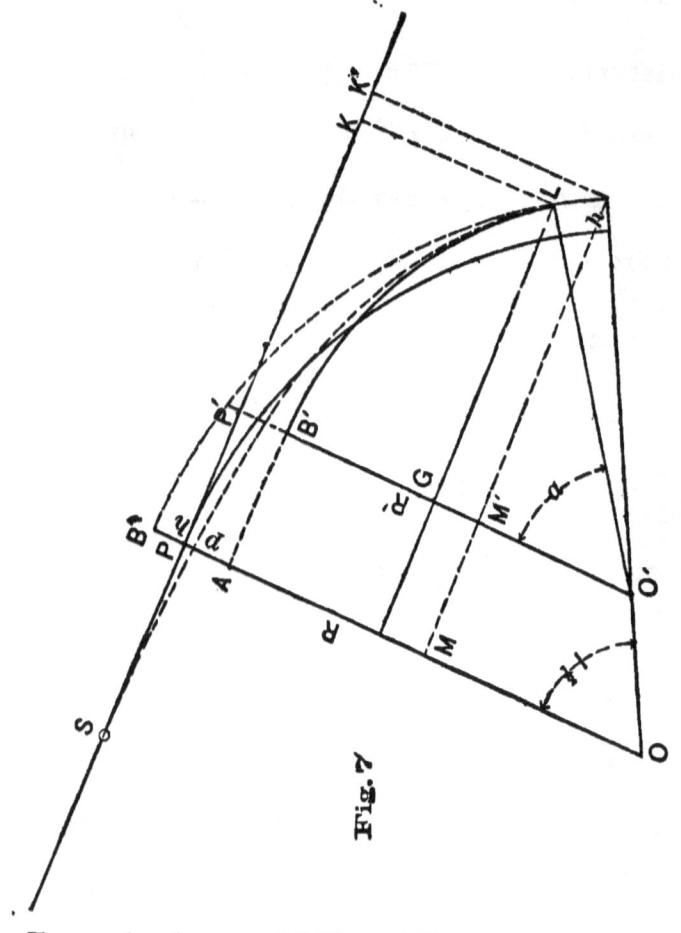

Fig. 7

From the figure, $M'B' = MB - AB$.

But $M'B' = R'$ versin $\tfrac{1}{2}I$, $MB = (R+h)$ versin $\tfrac{1}{2}I$, and $AB = p + h$; hence

$$R' \text{ versin } \tfrac{1}{2}I = (R+h) \text{ versin } \tfrac{1}{2}I - (p+h). \quad (40)$$

Assume $p^a = 2h$; then

$$R'^a = R + h - \frac{3h}{\text{versin } \tfrac{1}{2}I} \quad (41)$$

THE TRANSITION-CURVE FIELD-BOOK. 49

Find the value of D'° from radius R'^a to the nearest even minute, and take the exact radius R' corresponding to D'°. Then, from (40),

$$p = (R + h - R') \text{versin } \tfrac{1}{2}I - h. \quad . \quad . \quad (42)$$

$$x = LK = GB' + AP = R' \text{versin } \alpha + p;$$

$$q = Fx = F(R' \text{versin } \alpha + p). \quad . \quad . \quad . \quad (43)$$

$$SP = SK - KP' + P'K' - K'P;$$

$$SK = \frac{cY}{100}; \qquad KP' = R' \sin \alpha = \frac{C}{D'^\circ};$$

$$P'K' = R' \sin \tfrac{1}{2}I; \quad K'P = (R + h) \sin \tfrac{1}{2}I.$$

Therefore

$$SP = \frac{cY}{100} - \frac{C}{D'^\circ} - (R + h - R') \sin \tfrac{1}{2}I. \quad (44)$$

Rule. Find R' of D'° from (41), and p from (42).

Take Q next lower than pD'°, and from the same column X, F, Y, C, and α.

Find q from (43).

$$\frac{Q}{q} = D''^\circ, \quad \frac{Z}{D''^\circ} = n, \quad \frac{n}{N} = c.$$

Find SP from (44).

EXAMPLE. $D^\circ = 5^\circ$, $I = 30^\circ$, $h = 2$.
Radius of $D^\circ = 1146.3$, and

$$1146.3 + 2 - \frac{6}{.034074} = R'^a = 972.2.$$

Take $R' = 971.5$, corresponding to $D'^\circ = 5^\circ 54' = 5^\circ.9$. Then $(1146.3 + 2 - 971.5) .034074 - 2 = p =$

4.024; $pD'^\circ = 4.024 \times 5.9 = 23.24$. From column $N_\bullet$, $Q_\bullet = 19.08$; and $Z_\bullet = 1620$, $C_\bullet = 807.3$, $Y_\bullet = 898.22$, $F_\bullet = .25028$.

$$.25028\,(971.5 \times .00998 + 4.024) = q = 3.434;$$

$$\frac{19.08}{3.434} = D''^\circ = 5^\circ.556 = 5^\circ\,33\tfrac{1}{3}';$$

$$\frac{1620}{5.556} = n = 291.6;\quad \frac{291.6}{9} = c = 32.4;$$

$$SP = \frac{32.4 \times 898.2}{100} - \frac{807.3}{5.9} - (1146.3 + 2 - 971.5).25882$$

$$= 291.0 - 136.8 - 45.8 = 108.4.$$

From S to middle of curve $D^\circ = SP + \dfrac{\tfrac{1}{2}I \times 100}{D^\circ} =$
$108.4 + \dfrac{15 \times 100}{5} = 108.4 + 300 = 408.4$. From S to middle of curve $D'^\circ = n + \dfrac{(\tfrac{1}{2}I - a)100}{D'^\circ} = 291.6 + \dfrac{(15 - 8.1)\,100}{5.9} = 291.6 + 116.9 = 408.5$. The middle of D'° being outside of D° makes the new line 0.1 the longer.

In this example the rate of curvature of the Transition Curve at L (sta. 9) is $5^\circ\,33\tfrac{1}{3}'$, connecting there with a $5^\circ\,54'$ circular curve.

Problem X.

With track laid over two circular curves turning in opposite directions and a tangent connecting them, to change the direction of the tangent and insert Transition Curves between the circular curves and the new tangent.

Given the degrees of the two curves $D°$ and $D'°$ the positions of the $P.T.$ of $D°$ and $P.C.$ of $D'°$, and the length of tangent from $P.T.$ to $P.C.$

Rule. Assume approximately the gaps q^a and q'^a between the circular curves and the new position of tangent. Take from table Q and Q' nearest to $q^a D°$ and $q'^a D'°$, and from same columns Z, C, and Y, and Z', C', and Y'.

If tangent length T is less than about $\frac{Z}{2D°} + \frac{Z'}{2D'°}$, adopt a lesser value of q^a or q'^a or of both, and proceed as before. Then for Transition Curve connecting with $D°$,

$$\frac{Q}{D°} = q, \quad \frac{Z}{D°} = n', \quad \frac{n}{N} = c;$$

and for Transition Curve connecting with $D'°$,

$$\frac{Q'}{D'°} = q', \quad \frac{Z'}{D'°} = n, \quad \frac{n'}{N'} = c'.$$

To find the positions of L, S, S', L', and the distance from S to S', use the formulas following Fig. 8.

In Fig. 8, R and R' are the radii of the given circular curves $D°$ and $D'°$ connected by tangent T from $P.T.$ of $D°$ to $P.C.$ of $D'°$.

From centre O with radius $R+q$, and from centre O' with radius $R'+q'$, draw arcs as in

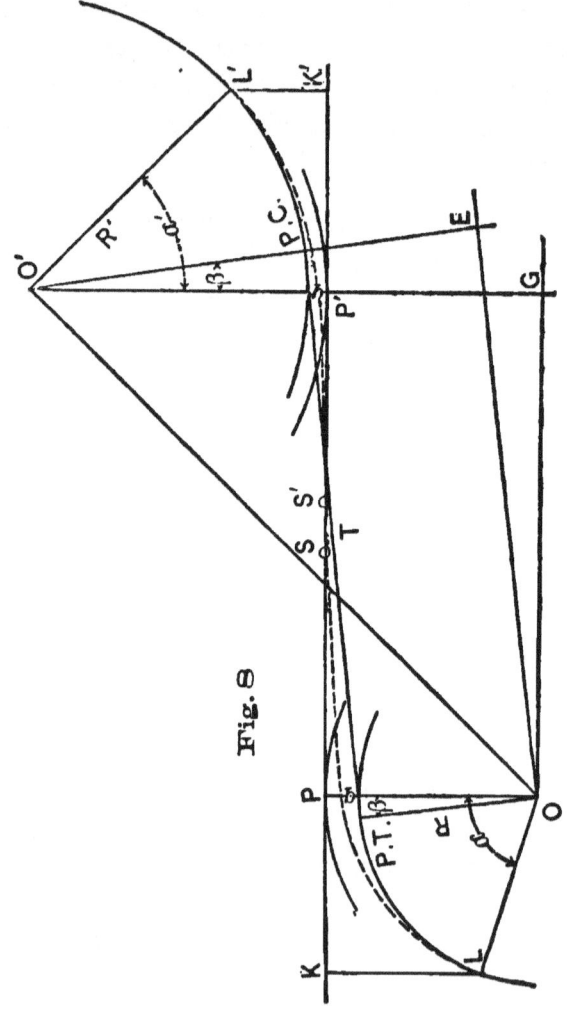

Fig. 8

figure and connect them by tangent PP'. Prolong radius R' at $P.C.$ and intersect it at E by OE parallel to tangent T; and prolong radius $R'+q'$ at P' and intersect it at G by OG parallel to new tangent PP'.

THE TRANSITION-CURVE FIELD-BOOK. 53

$$\frac{OE}{O'E} = \frac{T}{R+R'} = \text{tang } OO'E;$$

$$\frac{OE}{\sin OO'E} = \frac{T}{\sin OO'E} = OO';$$

$$\frac{O'G}{OO'} = \frac{R+q+R'+q'}{OO'} = \cos OO'G;$$

$$OO' \times \sin OO'G = OG = PP'.$$

Designate the angle $OO'E - OO'G$ by β.

Then $\alpha - \beta = $ angle from $P.T.$ back to L, and $\alpha' - \beta = $ angle from $P.C.$ forward to L'.

To find K and K' on tangent PP' prolonged, set the instrument over L, turn $90 - \alpha$ outward from tangent at L, and measure on this course $LK = \frac{cX}{100}$. Similarly at L' turn $90 - \alpha'$ and measure $L'K' = \frac{cX'}{100}$.

From K measure $KS = \frac{cY}{100}$ on tangent KK'', and put in point S; similarly from K' measure $K'S' = \frac{c'Y'}{100}$ and put in point S'.

$$SS' = PP' + KP + P'K' - SK - S'K'$$

$$= PP' + \frac{C}{D^\circ} + \frac{C'}{D'^\circ} - \frac{cY}{100} - \frac{c'Y'}{100} \cdot \cdot \cdot \cdot (45)$$

From L to L' via old line $= \frac{100(\alpha - \beta)}{D^\circ} + T + \frac{100(\alpha' - \beta)}{D'^\circ}$.

From L to L' via new line $= n + SS' + n'$.

EXAMPLE. Given a 10° curve to the right and a 5° curve to the left with a tangent 500 feet long between them, to change the tangent so that its direction will pass about 6 feet outside of the 10° curve and about 4 feet outside of the 5° curve, both circular curves to be connected by Transition Curves with the new tangent.

For the 10° curve $R = 573.7$, $q^a = 6$, $q^a D° = 6 \times 10 = 60$. From column N_{12}, $Q_{12} = 60.302$; and $Z_{12} = 2880$, $C_{12} = 1424.9$, $Y_{12} = 1192.5$.

$$\frac{60.302}{10} = q = 6.0302; \quad \frac{2880}{10} = n = 288.0;$$

$$\frac{288.0}{12} = c = 24.$$

For the 5° curve $R' = 1146.3$, $q'^a = 4$, $q'^a D'° = 4 \times 5 = 20$. From column N_9, $Q_9 = 19.08$; and $Z_9 = 1620$, $C_9 = 807.3$, $Y_9 = 898.2$.

$$\frac{19.08}{5} = q' = 3.816; \quad \frac{1620}{5} = n' = 324.0;$$

$$\frac{324.0}{9} = c' = 36.$$

$$\frac{T}{R+R'} = \tan OO'E = \frac{500}{573.7 + 1146.3} = 0.2907$$

$$= \tan 16° 12\tfrac{1}{2}';$$

$$\frac{T}{\sin OO'E} = \frac{500}{.279131} = 1791.2 = OO';$$

$$\frac{R+q+R'+q'}{OO'} = \frac{573.7+6+1146.3+4}{1791.2} = 0.965747$$

$$= \cos 15° 02\tfrac{1}{2}'$$

$OO' \times \sin OO'G = 1791.2 \times 0.25952 = 464.8 = PP'$;

$OO'E - OO'G = 16° 12\frac{1}{2}' - 15° 02\frac{1}{2}' = 1° 10' = \beta$.

$\alpha - \beta = 14° 24' - 1° 10' = 13° 14' =$ angle from $P.T.$ back to L.

$\alpha' - \beta = 8° 06' - 1° 10' = 6° 56' =$ angle forward from $P.C.$ to L'.

Fix the point L by going back from $P.T.$ for 13° 14′ of arc, or 132.3 feet. Set instrument over L, turn 90° − α = 90 − 14° 24′ = 75° 36′ outward from tangent at L, and on this course measure $\frac{cX}{100} = \frac{24 \times 100.083}{100} = 24.02$ to point K.

Similarly for L' turn 81° 54′ outward from tangent and measure $\frac{c'X'}{100} = 15.25$ to K''.

From K measure $\frac{cY}{100} = 286.2$ on KK' to S; and from K'' measure $\frac{c'Y'}{100} = 323.4$ on $K'K$ to S'.

$$SS' = PP' + \frac{C}{D°} + \frac{C'}{D'°} - \frac{cY}{100} - \frac{c'Y'}{100}$$

$= 464.8 + 142.5 + 161.5 - 323.4 - 286.2 = 159.2$.

Except as a test of the correctness of the rest of the work it is not necessary to calculate or measure SS'.

From L to L' via old line $= \frac{100 \times 13.233}{10} + 500 + \frac{100 \times 6.933}{100} = 771.0$.

From L to L' via new line $= 288.0 + 159.2 + 324.0 = 771.2$.

The line from L to L' may be run in continuously by angles, or the two Transition Curves may be laid off from S to L and from S' to L' either by angles or ordinates.

Problem XI.

When a Transition Curve is run in and does not properly connect at L *or at* S, *as the case may be, to make the proper adjustment and location.* (See Fig. 1.)

Rule. Set the instrument over a trial L on the circular curve, turn into tangent, and intersect the given tangent at T. Move to T and measure the intersection angle LTK. If $LTK = \alpha$, the trial point set over is correct for L, and the distance LT multiplied by sin α and divided by the corresponding value of X from the table gives the chord length c with which the Transition Curve from L to S is to be rerun.

If the intersection angle LTK as measured is not equal to α, make it equal by moving the trial L backward or forward on the circular curve through a central angle equal to the difference between the angles LTK and α. When L is correctly located, set over it and turn into tangent. From this tangent turn off outwardly the angle $90° - \alpha$, and on this course (perpendicular to SK) intersect the given tangent in K and measure LK. Then

$$\frac{LK \times 100}{\alpha} = c, \text{ and } KS = \frac{cY}{100}.$$

Be careful to take table quantities from the column giving the proper value of a.

Super-elevation of outer rail on curves.

The difference of elevation e between the inner and outer rails on Transition Curves should increase regularly from ° at S to its maximum at L. This difference of elevation for a 4′ 8½″ gauge (and proportionally for other gauge widths) is closely approximated for all velocities and rates of curvature by taking $e = .000056\ V^2 D°$, in which V is the velocity in miles per hour and $D°$ the degree of curve.

For example: on a Transition Curve of 9 stations connecting with a 6° curve, the superelevation e of the outer rail at L and around the 6° curve, adjusted for 40 miles an hour, will be

$$e = .000056 \times \overline{40}^2 \times 6 = 0.5376;$$

and for stations 1, 2, 3, 4, etc., of the Transition Curve the differences in elevation are $0.5376 \times \frac{1}{9}$, $\times \frac{2}{9}$, $\times \frac{3}{9}$, $\times \frac{4}{9}$, etc.

In surfacing track the inner rail should be lowered $\frac{e}{2}$, and the outer rail raised $\frac{e}{2}$; and this is conveniently done by setting stakes at a distance equal to the width of the gauge plus the width of the rail-head on each side of the centre stake with the top of the latter at its proper elevation, and the tops of the inner and outer stakes respectively e below and e above it.

TABLES.

RADII OF DEGREES OF CURVE.

′	0° Radius.	1° Radius.	2° Radius.	3° Radius.	4° Radius.	5° Radius.	′
0	Infinite	5729.65	2864.93	1910.08	1432.69	1146.28	0
1	343775	5635.72	2841.26	1899.53	1426.74	1142.47	1
2	171887	5544.83	2817.97	1889.09	1420.85	1138.69	2
3	114592	5456.82	2795.06	1878.77	1415.01	1134.94	3
4	85913.7	5371.56	2772.53	1868.56	1409.21	1131.21	4
5	68754.9	5288.92	2750.35	1858.47	1403.46	1127.50	5
6	57295.8	5208.79	2728.52	1848.48	1397.76	1123.82	6
7	49110.7	5131.05	2707.04	1838.59	1392.10	1120.16	7
8	42971.8	5055.59	2685.89	1828.82	1386.49	1116.52	8
9	38197.2	4982.33	2665.08	1819.14	1380.92	1112.91	9
10	34377.5	4911.15	2644.58	1809.57	1375.40	1109.33	10
11	31252.3	4841.98	2624.39	1800.10	1369.92	1105.76	11
12	28617.8	4774.74	2604.51	1790.73	1364.49	1102.22	12
13	26441.2	4709.83	2584.93	1781.45	1359.10	1098.70	13
14	24555.4	4645.69	2565.65	1772.27	1353.75	1095.20	14
15	22918.3	4583.75	2546.64	1763.18	1348.45	1091.73	15
16	21485.9	4528.44	2527.92	1754.19	1343.18	1088.28	16
17	20222.1	4464.70	2509.47	1745.29	1337.96	1084.85	17
18	19096.6	4407.46	2491.29	1736.48	1332.77	1081.44	18
19	18093.4	4351.67	2473.37	1727.75	1327.63	1078.05	19
20	17188.8	4297.28	2455.70	1719.12	1322.53	1074.68	20
21	16370.2	4244.23	2438.29	1710.56	1317.46	1071.34	21
22	15626.1	4192.47	2421.12	1702.10	1312.43	1068.01	22
23	14946.7	4141.96	2404.19	1693.72	1307.45	1064.71	23
24	14323.6	4092.66	2387.50	1685.42	1302.50	1061.43	24
25	13751.0	4044.51	2371.04	1677.20	1297.58	1058.16	25
26	13222.1	3997.49	2354.80	1669.06	1292.71	1054.92	26
27	12732.4	3951.54	2338.78	1661.00	1287.87	1051.70	27
28	12277.7	3906.64	2322.98	1653.01	1283.07	1048.48	28
29	11854.3	3862.76	2307.39	1645.11	1278.30	1045.31	29
30	11459.2	3819.83	2292.01	1637.28	1273.57	1042.14	30
31	11089.6	3777.85	2276.84	1629.52	1268.87	1039.00	31
32	10743.0	3736.79	2261.86	1621.84	1264.21	1035.87	32
33	10417.5	3696.61	2247.08	1614.22	1259.58	1032.76	33
34	10111.1	3657.29	2232.49	1606.68	1254.98	1029.67	34
35	9822.18	3618.80	2218.09	1599.21	1250.42	1026.60	35
36	9549.81	3581.10	2203.87	1591.81	1245.89	1023.55	36
37	9291.29	3544.19	2189.84	1584.48	1241.40	1020.51	37
38	9046.75	3508.02	2175.98	1577.21	1236.94	1017.49	38
39	8814.78	3472.59	2162.30	1570.01	1232.51	1014.50	39
40	8594.41	3437.87	2148.79	1562.88	1228.11	1011.51	40
41	8384.80	3403.83	2135.44	1555.81	1223.74	1008.55	41
42	8185.16	3370.46	2122.26	1548.80	1219.40	1005.60	42
43	7994.81	3337.74	2109.24	1541.86	1215.09	1002.67	43
44	7813.11	3305.65	2096.39	1534.98	1210.82	999.76	44
45	7639.49	3274.17	2083.68	1528.16	1206.57	996.87	45
46	7473.42	3243.29	2071.13	1521.40	1202.86	993.99	46
47	7314.41	3212.98	2058.73	1514.70	1198.17	991.13	47
48	7162.03	3183.23	2046.48	1508.06	1194.01	988.28	48
49	7015.87	3154.03	2034.37	1501.48	1189.88	985.45	49
50	6875.55	3125.35	2022.41	1494.95	1185.78	982.64	50
51	6740.74	3097.20	2010.59	1488.48	1181.71	979.84	51
52	6611.12	3069.55	1998.90	1482.07	1177.66	977.06	52
53	6486.38	3042.39	1987.35	1475.71	1173.65	974.29	53
54	6366.26	3015.71	1975.93	1469.41	1169.66	971.54	54
55	6250.51	2989.48	1964.64	1463.16	1165.70	968.81	55
56	6138.90	2963.71	1953.48	1456.96	1161.76	966.09	56
57	6031.20	2938.39	1942.44	1450.81	1157.85	963.39	57
58	5927.22	2913.49	1931.53	1444.72	1153.97	960.70	58
59	5826.76	2889.01	1920.75	1438.68	1150.11	958.02	59
60	5729.65	2864.93	1910.08	1432.69	1146.28	955.37	60

RADII OF DEGREES OF CURVE.

,	6° Radius.	7° Radius.	8° Radius.	9° Radius.	10° Radius.	11° Radius.	,
0	955.37	819.02	716.78	637.28	573.69	521.67	0
1	952.72	817.08	715.29	636.10	572.73	520.89	1
2	950.09	815.14	713.81	634.93	571.78	520.10	2
3	947.48	813.22	712.33	633.76	570.84	519.32	3
4	944.88	811.30	710.87	632.60	569.90	518.54	4
5	942.29	809.40	709 40	631.44	568.96	517.76	5
6	939.72	807.50	707.95	630.29	568.02	516.99	6
7	937.16	805.61	706.49	629.14	567.09	516.21	7
8	934.62	803.73	705.05	627.99	566.16	515.44	8
9	932.09	801.86	703.61	626.85	565.23	514.68	9
10	929.57	800.00	702.18	625.71	564.30	513.91	10
11	927.07	798.14	700.75	624.58	563.38	513.15	11
12	924.58	796.30	699.33	623.45	562.47	512.38	12
13	922.10	794.46	697.91	622.33	561.55	511.63	13
14	919.64	792.63	696 50	621.20	560.64	510.87	14
15	917.19	790.81	695.09	620.09	559.73	510.12	15
16	914.75	789.00	693.70	618.97	558.82	509.36	16
17	912.33	787.96	692.30	617.87	557.92	508.61	17
18	909.92	785 40	690.91	616.76	557.02	507.87	18
19	907.52	783.62	689.53	615.66	556.12	507.12	19
20	905.13	781.84	688.16	614.56	555.23	506.38	20
21	902.76	780.07	686.78	613.47	554.34	505.63	21
22	900.40	778.31	685.42	612.38	553.45	504.90	22
23	898.05	776 55	684 06	611.30	552.56	504.16	23
24	895.71	774.81	682.70	610.21	551.68	503.42	24
25	893 39	773.07	681.35	609.14	550.80	502.69	25
26	891.08	771.34	680.01	608.06	549 92	501.96	26
27	888.78	769.61	678.67	606.99	549.05	501.23	27
28	886.49	767.90	677.34	605.93	548.17	500.51	28
29	884.21	766.19	676.01	604.86	547.31	499.78	29
30	881.95	764.49	674.69	603.81	546.44	499.06	30
31	879.69	762.80	673.37	602.75	545.58	498.34	31
32	877.45	761.11	672.06	601.70	544.71	497.62	32
33	875.22	759.43	670.75	600.65	543.86	496.91	33
34	873.00	757.76	669.45	599.61	543.00	496.19	34
35	870.79	756.10	668.15	598.57	542.15	495.48	35
36	868 60	754.45	666.86	597.53	541.30	494.77	36
37	866.41	752.80	665.57	596.50	540.45	494.07	37
38	864.24	751.16	664.29	595.47	539.61	493.36	38
39	862.07	749 52	663.01	594.44	538.76	492.66	39
40	859.92	747.89	661.74	593.42	537.92	491.96	40
41	857.78	746.27	660.47	592.40	537.09	491.26	41
42	855.65	744.66	659.21	591.38	536.25	490.56	42
43	853.53	743.06	657.95	590.37	535.42	489 86	43
44	851.42	741.46	656.69	589.36	534.59	489.17	44
45	849.32	739.86	655.45	588.36	533.77	488.48	45
46	847.23	738.28	654.20	587.36	532.94	487.79	46
47	845.15	736.70	652.96	586 36	532.12	487.10	47
48	843.08	735.13	651.73	585.36	531.30	486.42	48
49	841.02	733.56	650.50	584.37	530.49	485.73	49
50	838.97	732.01	649.27	583.39	529.67	485.05	50
51	836.93	730.45	648.05	582.40	528 86	484.37	51
52	834.90	728.91	646.84	581.42	528.05	483.69	52
53	832.89	727.37	645.63	580.44	527.25	483.02	53
54	830 88	725.84	644.42	579.47	526.44	482.34	54
55	828.88	724.31	643.22	578.49	525.64	481.67	55
56	826.89	722.79	642.02	577.53	524.84	481.00	56
57	824 91	721.28	640.83	576.56	524.05	480.33	57
58	822.93	719.77	639.64	575.60	523.25	479.67	58
59	820.97	718.27	638.46	574.64	522.46	479.00	59
60	819.02	716.78	637.28	573.69	521.67	478.34	60

RADII OF DEGREES OF CURVE.

′	12° Radius.	13° Radius.	14° Radius.	15° Radius.	16° Radius.	17° Radius.	′
0	478.34	441.68	410 28	383.06	359.27	338.27	0
1	477.68	441.12	409 79	382.64	358.89	337.94	1
2	477.02	440 56	409.31	382.22	358.52	337.62	2
3	476.36	440.00	408.82	381.80	358.15	337.29	3
4	475.71	439.44	408 34	381.38	357.78	336.96	4
5	475.05	438.88	407.86	380.96	357.42	336.64	5
6	474.40	438.33	407.38	380.54	357.05	336 31	6
7	473.75	437.77	406.90	380 13	356.68	335.99	7
8	473.10	437.22	406.42	379 71	356.31	335.66	8
9	472.46	436 67	405.95	379.29	355.95	335.34	9
10	471.81	436.12	405.47	378.88	355.59	335.01	10
11	471.17	435.57	405.00	378.47	355.22	334.69	11
12	470.53	435.02	404.53	378.05	354.86	334.37	12
13	469 89	434.47	404.05	377.64	354.50	334.05	13
14	469.25	433.93	403.58	377.23	354.13	333.73	14
15	468.61	433.39	403.11	376.82	353.77	333.41	15
16	467.98	432.84	402.65	376.41	353.41	333.09	16
17	467.35	432.30	402.18	376.00	353.05	332.77	17
18	466.72	431.76	401.71	375.60	352.70	332.45	18
19	466.09	431.23	401.25	375.19	352.34	332.13	19
20	465.46	430.69	400.78	374.79	351.98	331.82	20
21	464.83	430.15	400.32	374.38	351.62	331.50	21
22	464.21	429.62	399.86	373.98	351.27	331.18	22
23	463.59	429.09	399.40	373.57	350.91	330 87	23
24	462.97	428.56	398.94	373.17	350.56	330.56	24
25	462 35	428 03	398.48	372.77	350.21	330.24	25
26	461.73	427.50	398.02	372.37	349.85	329.93	26
27	461.11	426.97	397.56	371.97	349.50	329.62	27
28	460.50	426.45	397.11	371.57	349.15	329.30	28
29	459 89	425.92	396.65	371.18	348.80	328.99	29
30	459.28	425.40	396.20	370.78	348.45	328.68	30
31	458.67	424.87	395.75	370.38	348.10	328.37	31
32	458.06	424.35	395.30	369.99	347.75	328.06	32
33	457.45	423.83	394.85	369 60	347.40	327.75	33
34	456.85	423.32	394.40	369.20	347.06	327.44	34
35	456.25	422.80	393.95	368.81	346.71	327.14	35
36	455.65	422.28	393.50	368.42	346.87	326.83	36
37	455.05	421.77	393.05	368.03	346.02	326.52	37
38	454.45	421.26	392.61	367.64	345.68	326.22	38
39	453.85	420.74	392.16	367.25	345.33	325.91	39
40	453.26	420.23	391.72	366.86	344.99	325.60	40
41	452.66	419.72	391.28	366.47	344.65	325.30	41
42	452.07	419.22	390.84	366.09	344.31	325.00	42
43	451.48	418.71	390.40	365.69	343.97	324.70	43
44	450.89	418.20	389.96	365.31	343.63	324.39	44
45	450.31	417.70	389.52	364.93	343.29	324.09	45
46	449 72	417.20	389.08	364.55	342.95	323.79	46
47	449.14	416.69	388.65	364.16	342.61	323.49	47
48	448.56	416.19	388.21	363.78	342.27	323.18	48
49	447.97	415.69	387.78	363.40	341.93	322.89	49
50	447.39	415.19	387.34	363.02	341.60	322.59	50
51	446.82	414.70	386.91	362.64	341.26	322.29	51
52	446.24	414.20	386.48	362.26	340.93	321.99	52
53	445.67	413.71	386.05	361.89	340.59	321.69	53
54	445.09	413.21	385.62	361.51	340.26	321.39	54
55	444.52	412.72	385.19	361.13	339.93	321.10	55
56	443 95	412.23	384.77	360.76	339.59	320.80	56
57	443.38	411.74	384.34	360.38	339.26	320.51	57
58	442.81	411.25	383.91	360.01	338.93	320.21	58
59	442.25	410.76	383.49	359.64	338.60	319.92	59
60	441.68	410.28	383.06	359.27	338.27	319.62	60

RADII OF DEGREES OF CURVE.

′	18° Radius.	19° Radius.	20° Radius.	21° Radius.	22° Radius.	23° Radius.	′
0	319.62	302.94	287.94	274.37	262.04	250.79	0
1	319.33	302.68	287.70	274.16	261.85	250.61	1
2	319.04	302.42	287.46	273.94	261.65	250.43	2
3	318.74	302.16	287.23	273.73	261.45	250.26	3
4	318.45	301.89	286.99	273.51	261.26	250.08	4
5	318.16	301.63	286.76	273.30	261.06	249.90	5
6	317.87	301.37	286.52	273.08	260.87	249.72	6
7	317.58	301.11	286.29	272.87	260.68	249.54	7
8	317.29	300.85	286.05	272.66	260.48	249.37	8
9	317.00	300.59	285.82	272.45	260.29	249.19	9
10	316.71	300.33	285.58	272.23	260.10	249.01	10
11	316.43	300.07	285.35	272.02	259.90	249.84	11
12	316.14	299.82	285.12	271.81	259.71	248.66	12
13	315.85	299.56	284.88	271.60	259.52	248.48	13
14	315.57	299.30	284.65	271.39	259.33	248.31	14
15	315.28	299.04	284.42	271.18	259.13	248.13	15
16	315.00	298.79	284.20	270.97	258.94	247.96	16
17	314.71	298.53	283.96	270.76	258.75	247.78	17
18	314.43	298.28	283.73	270.55	258.56	247.61	18
19	314.14	298.02	283.50	270.34	258.37	247.43	19
20	313.86	297.77	283.27	270.13	258.18	247.26	20
21	313.58	297.51	283.04	269.92	257.99	247.08	21
22	313.29	297.26	282.81	269.71	257.80	246.91	22
23	313.01	297.01	282.58	269.51	257.61	246.74	23
24	312.73	296.75	282.35	269.30	257.42	246.56	24
25	312.45	296.50	282.12	269.09	257.23	246.30	25
26	312.17	296.25	281.89	268.89	257.04	246.22	26
27	311.89	296.00	281.67	268.68	256.85	246.04	27
28	311.61	295.75	281.44	268.47	256.67	245.87	28
29	311.33	295.50	281.21	268.27	256.48	245.70	29
30	311.06	295.25	280.99	268.06	256.29	245.53	30
31	310.78	295.00	280.76	267.86	256.10	245.36	31
32	310.50	294.75	280.54	267.65	255.92	245.19	32
33	310.23	294.50	280.31	267.45	255.73	245.02	33
34	309.95	294.25	280.09	267.24	255.54	244.84	34
35	309.67	294.00	279.86	267.04	255.36	244.67	35
36	309.40	293.76	279.64	266.84	255.17	244.50	36
37	309.12	293.51	279.42	266.63	254.99	244.33	37
38	308.85	293.26	279.19	266.43	254.80	244.16	38
39	308.58	293.01	278.97	266.23	254.62	243.99	39
40	308.30	292.77	278.75	266.02	254.43	243.83	40
41	308.03	292.52	278.52	265.82	254.25	243.66	41
42	307.76	292.28	278.30	265.62	254.06	243.49	42
43	307.49	292.03	278.08	265.42	253.88	243.32	43
44	307.22	291.79	277.86	265.22	253.70	243.15	44
45	306.95	291.55	277.64	265.02	253.51	242.98	45
46	306.68	291.30	277.42	264.82	253.33	242.81	46
47	306.41	291.06	277.20	264.62	253.14	242.64	47
48	306.14	290.82	276.98	264.42	252.96	242.48	48
49	305.87	290.58	276.76	264.22	252.78	242.31	49
50	305.60	290.33	276.54	264.02	252.60	242.14	50
51	305.33	290.09	276.32	263.82	252.42	241.98	51
52	305.06	289.85	276.10	263.62	252.24	241.81	52
53	304.80	289.61	275.89	263.42	252.05	241.64	53
54	304.53	289.37	275.67	263.22	251.87	241.48	54
55	304.27	289.13	275.45	263.03	251.69	241.31	55
56	304.00	288.89	275.23	262.83	251.51	241.15	56
57	303.73	288.65	275.02	262.63	251.33	240.98	57
58	303.47	288.41	274.80	262.44	251.15	240.82	58
59	303.21	288.18	274.58	262.24	250.97	240.65	59
60	302.94	287.94	274.87	262.04	250.79	240.49	60

RADII OF DEGREES OF CURVE.

′	24° Radius	25° Radius.	26° Radius.	27° Radius.	28° Radius.	29° Radius.	′
0	240.49	231.01	222.27	214.18	206.68	199.70	0
1	240.32	230.86	222.13	214.05	206.56	199.58	1
2	240.16	230.71	221.99	213.92	206.44	199.47	2
3	239.99	230.56	221.85	213.79	206.32	199.36	3
4	239.83	230.41	221.71	213.66	206.20	199.25	4
5	239.67	230.26	221.57	213.54	206.08	199.14	5
6	239.50	230.11	221.43	213.41	205.96	199.02	6
7	239.34	229.96	221.30	213.28	205.84	198.91	7
8	239.18	229.81	221.16	213.15	205.72	198.80	8
9	239.01	229.66	221.02	213.02	205.60	198.69	9
10	238.85	229.51	220.88	212.89	205.48	198.58	10
11	238.69	229.36	220.74	212.77	205.36	198.47	11
12	238.53	229.21	220.60	212.64	205.24	198.36	12
13	238.37	229.06	220.47	212.51	205.12	198.25	13
14	238.21	228.91	220.33	212.38	205.00	198.14	14
15	238.04	228.76	220.19	212.25	204.89	198.03	15
16	237.88	228.61	220.05	212.13	204.77	197.92	16
17	237.72	228.46	219.92	212.00	204.65	197.81	17
18	237.56	228.32	219.78	211.87	204.53	197.70	18
19	237.40	228.17	219.64	211.75	204.41	197.59	19
20	237.24	228.02	219.51	211.62	204.30	197.48	20
21	237.08	227.87	219.37	211.49	204.18	197.37	21
22	236.92	227.73	219.23	211.37	204.06	197.26	22
23	236.76	227.58	219.10	211.24	203.94	197.15	23
24	236.60	227.43	218.96	211.11	203.83	197.04	24
25	236.44	227.29	218.82	210.99	203.71	196.93	25
26	236.28	227.14	218.69	210.86	203.59	196.82	26
27	236.13	226.90	218.56	210.74	203.48	196.71	27
28	235.97	226.85	218.42	210.61	203.36	196.60	28
29	235.81	226.70	218.29	210.49	203.24	196.49	29
30	235.65	226.55	218.15	210.36	203.13	196.39	30
31	235.49	226.50	218.01	210.25	203.01	196.28	31
32	235.34	226.26	217.88	210.11	202.89	196.17	32
33	235.18	226.12	217.75	209.99	202.78	196.06	33
34	235.02	225.97	217.61	209.86	202.66	195.95	34
35	234.87	225.83	217.48	209.74	202.54	195.84	35
36	234.71	225.68	217.34	209.61	202.43	195.74	36
37	234.55	225.54	217.21	209.49	202.31	195.63	37
38	234.40	225.40	217.08	209.37	202.20	195.52	38
39	234.24	225.25	216.94	209.24	202.08	195.41	39
40	234.08	225.11	216.81	209.12	201.97	195.31	40
41	233.93	224.96	216.68	208.99	201.85	195.20	41
42	233.77	224.82	216.54	208.87	201.74	195.09	42
43	233.62	224.68	216.41	208.75	201.62	194.99	43
44	233.46	224.53	216.28	208.63	201.51	194.88	44
45	233.31	224.39	216.15	208.50	201.40	194.77	45
46	233.15	224.25	216.02	208.38	201.28	194.67	46
47	233.00	224.11	215.88	208.26	201.17	194.56	47
48	232.84	223.96	215.75	208.14	201.05	194.45	48
49	232.69	223.82	215.62	208.01	200.94	194.34	49
50	232.54	223.68	215.49	207.89	200.83	194.24	50
51	232.38	223.54	215.36	207.77	200.71	194.13	51
52	232.23	223.40	215.23	207.65	200.60	194.03	52
53	232.08	223.26	215.10	207.52	200.49	193.92	53
54	231.92	223.11	214.96	207.40	200.37	193.82	54
55	231.77	222.97	214.83	207.28	200.26	193.71	55
56	231.62	222.83	214.70	207.16	200.15	193.61	56
57	231.47	222.69	214.57	207.04	200.03	193.50	57
58	231.31	222.55	214.44	206.92	199.92	193.40	58
59	231.16	222.41	214.31	206.80	199.81	193.29	59
60	231.01	222.27	214.18	206.68	199.70	193.19	60

NATURAL SINES AND COSINES.

′	0° Sine	0° Cosin	1° Sine	1° Cosin	2° Sine	2° Cosin	3° Sine	3° Cosin	4° Sine	4° Cosin	′
0	.00000	One.	.01745	.99985	.03490	.99939	.05234	.99863	.06976	.99756	60
1	.00029	One.	.01774	.99984	.03519	.99938	.05263	.99861	.07005	.99754	59
2	.00058	One.	.01803	.99984	.03548	.99937	.05292	.99860	.07034	.99752	58
3	.00087	One.	.01832	.99983	.03577	.99936	.05321	.99858	.07063	.99750	57
4	.00116	One.	.01862	.99983	.03606	.99935	.05350	.99857	.07092	.99748	56
5	.00145	One.	.01891	.99982	.03635	.99934	.05379	.99855	.07121	.99746	55
6	.00175	One.	.01920	.99982	.03664	.99933	.05408	.99854	.07150	.99744	54
7	.00204	One.	.01949	.99981	.03693	.99932	.05437	.99852	.07179	.99742	53
8	.00233	One.	.01978	.99980	.03723	.99931	.05466	.99851	.07208	.99740	52
9	.00262	One.	.02007	.99980	.03752	.99930	.05495	.99849	.07237	.99738	51
10	.00291	One.	.02036	.99979	.03781	.99929	.05524	.99847	.07266	.99736	50
11	.00320	.99999	.02065	.99979	.03810	.99927	.05553	.99846	.07295	.99734	49
12	.00349	.99999	.02094	.99978	.03839	.99926	.05582	.99844	.07324	.99731	48
13	.00378	.99999	.02123	.99977	.03868	.99925	.05611	.99842	.07353	.99729	47
14	.00407	.99999	.02152	.99977	.03897	.99924	.05640	.99841	.07382	.99727	46
15	.00436	.99999	.02181	.99976	.03926	.99923	.05669	.99839	.07411	.99725	45
16	.00465	.99999	.02211	.99976	.03955	.99922	.05698	.99838	.07440	.99723	44
17	.00495	.99999	.02240	.99975	.03984	.99921	.05727	.99836	.07469	.99721	43
18	.00524	.99999	.02269	.99974	.04013	.99919	.05756	.99834	.07498	.99719	42
19	.00553	.99998	.02298	.99974	.04042	.99918	.05785	.99833	.07527	.99716	41
20	.00582	.99998	.02327	.99973	.04071	.99917	.05814	.99831	.07556	.99714	40
21	.00611	.99998	.02356	.99972	.04100	.99916	.05844	.99829	.07585	.99712	39
22	.00640	.99998	.02385	.99972	.04129	.99915	.05873	.99827	.07614	.99710	38
23	.00669	.99998	.02414	.99971	.04159	.99913	.05902	.99826	.07643	.99708	37
24	.00698	.99998	.02443	.99970	.04188	.99912	.05931	.99824	.07672	.99705	36
25	.00727	.99997	.02472	.99969	.04217	.99911	.05960	.99822	.07701	.99703	35
26	.00756	.99997	.02501	.99969	.04246	.99910	.05989	.99821	.07730	.99701	34
27	.00785	.99997	.02530	.99968	.04275	.99909	.06018	.99819	.07759	.99699	33
28	.00814	.99997	.02560	.99967	.04304	.99907	.06047	.99817	.07788	.99696	32
29	.00844	.99996	.02589	.99966	.04333	.99906	.06076	.99815	.07817	.99694	31
30	.00873	.99996	.02618	.99966	.04362	.99905	.06105	.99813	.07846	.99692	30
31	.00902	.99996	.02647	.99965	.04391	.99904	.06134	.99812	.07875	.99689	29
32	.00931	.99996	.02676	.99964	.04420	.99902	.06163	.99810	.07904	.99687	28
33	.00960	.99995	.02705	.99963	.04449	.99901	.06192	.99808	.07933	.99685	27
34	.00989	.99995	.02734	.99963	.04478	.99900	.06221	.99806	.07962	.99683	26
35	.01018	.99995	.02763	.99962	.04507	.99898	.06250	.99804	.07991	.99680	25
36	.01047	.99995	.02792	.99961	.04536	.99897	.06279	.99803	.08020	.99678	24
37	.01076	.99994	.02821	.99960	.04565	.99896	.06308	.99801	.08049	.99676	23
38	.01105	.99994	.02850	.99959	.04594	.99894	.06337	.99799	.08078	.99673	22
39	.01134	.99994	.02879	.99959	.04623	.99893	.06366	.99797	.08107	.99671	21
40	.01164	.99993	.02908	.99958	.04653	.99892	.06395	.99795	.08136	.99668	20
41	.01193	.99993	.02938	.99957	.04682	.99890	.06424	.99793	.08165	.99666	19
42	.01222	.99993	.02967	.99956	.04711	.99889	.06453	.99792	.08194	.99664	18
43	.01251	.99992	.02996	.99955	.04740	.99888	.06482	.99790	.08223	.99661	17
44	.01280	.99992	.03025	.99954	.04769	.99886	.06511	.99788	.08252	.99659	16
45	.01309	.99991	.03054	.99953	.04798	.99885	.06540	.99786	.08281	.99657	15
46	.01338	.99991	.03083	.99952	.04827	.99883	.06569	.99784	.08310	.99654	14
47	.01367	.99991	.03112	.99952	.04856	.99882	.06598	.99782	.08339	.99652	13
48	.01396	.99990	.03141	.99951	.04885	.99881	.06627	.99780	.08368	.99649	12
49	.01425	.99990	.03170	.99950	.04914	.99879	.06656	.99778	.08397	.99647	11
50	.01454	.99989	.03199	.99949	.04943	.99878	.06685	.99776	.08426	.99644	10
51	.01483	.99989	.03228	.99948	.04972	.99876	.06714	.99774	.08455	.99642	9
52	.01513	.99989	.03257	.99947	.05001	.99875	.06743	.99772	.08484	.99639	8
53	.01542	.99988	.03286	.99946	.05030	.99873	.06773	.99770	.08513	.99637	7
54	.01571	.99988	.03316	.99945	.05059	.99872	.06802	.99768	.08542	.99635	6
55	.01600	.99987	.03345	.99944	.05088	.99870	.06831	.99766	.08571	.99632	5
56	.01629	.99987	.03374	.99943	.05117	.99869	.06860	.99764	.08600	.99630	4
57	.01658	.99986	.03403	.99942	.05146	.99867	.06889	.99762	.08629	.99627	3
58	.01687	.99986	.03432	.99941	.05175	.99866	.06918	.99760	.08658	.99625	2
59	.01716	.99985	.03461	.99940	.05205	.99864	.06947	.99758	.08687	.99622	1
60	.01745	.99985	.03490	.99939	.05234	.99863	.06976	.99756	.08716	.99619	0
′	Cosin	Sine	Cosin	Sine	Cosin	Sine	Cosin	Sine	Cosin	Sine	′
	89°		88°		87°		86°		85°		

NATURAL SINES AND COSINES.

′	5°		6°		7°		8°	
	Sine	Cosin	Sine	Cosin	Sine	Cosin	Sine	Cosin
0	.08716	.99619	.10453	.99452	.12187	.99255	.13917	.990
1	.08745	.99617	.10482	.99449	.12216	.99251	.13946	.990
2	.08774	.99614	.10511	.99446	.12245	.99248	.13975	.990
3	.08803	.99612	.10540	.99443	.12274	.99244	.14004	.990
4	.08831	.99609	.10569	.99440	.12302	.99240	.14033	.990
5	.08860	.99607	.10597	.99437	.12331	.99237	.14061	.990
6	.08889	.99604	.10626	.99434	.12360	.99233	.14090	.990
7	.08918	.99602	.10655	.99431	.12389	.99230	.14119	.989
8	.08947	.99599	.10684	.99428	.12418	.99226	.14148	.989
9	.08976	.99596	.10713	.99424	.12447	.99222	.14177	.989
10	.09005	.99594	.10742	.99421	.12476	.99219	.14205	.989
11	.09034	.99591	.10771	.99418	.12504	.99215	.14234	.989
12	.09063	.99588	.10800	.99415	.12533	.99211	.14263	.989
13	.09092	.99586	.10829	.99412	.12562	.99208	.14292	.989
14	.09121	.99583	.10858	.99409	.12591	.99204	.14320	.989
15	.09150	.99580	.10887	.99406	.12620	.99200	.14349	.989
16	.09179	.99578	.10916	.99402	.12649	.99197	.14378	.989
17	.09208	.99575	.10945	.99399	.12678	.99193	.14407	.989
18	.09237	.99572	.10973	.99396	.12706	.99189	.14436	.989
19	.09266	.99570	.11002	.99393	.12735	.99186	.14464	.989
20	.09295	.99567	.11031	.99390	.12764	.99182	.14493	.989
21	.09324	.99564	.11060	.99386	.12793	.99178	.14522	.989
22	.09353	.99562	.11089	.99383	.12822	.99175	.14551	.989
23	.09382	.99559	.11118	.99380	.12851	.99171	.14580	.989
24	.09411	.99556	.11147	.99377	.12880	.99167	.14608	.989
25	.09440	.99553	.11176	.99374	.12908	.99163	.14637	.989
26	.09469	.99551	.11205	.99370	.12937	.99160	.14666	.989
27	.09498	.99548	.11234	.99367	.12966	.99156	.14695	.989
28	.09527	.99545	.11263	.99364	.12995	.99152	.14723	.989
29	.09556	.99542	.11291	.99360	.13024	.99148	.14752	.989
30	.09585	.99540	.11320	.99357	.13053	.99144	.14781	.989
31	.09614	.99537	.11349	.99354	.13081	.99141	.14810	.988
32	.09642	.99534	.11378	.99351	.13110	.99137	.14838	.988
33	.09671	.99531	.11407	.99347	.13139	.99133	.14867	.988
34	.09700	.99528	.11436	.99344	.13168	.99129	.14896	.988
35	.09729	.99526	.11465	.99341	.13197	.99125	.14925	.988
36	.09758	.99523	.11494	.99337	.13226	.99122	.14954	.988
37	.09787	.99520	.11523	.99334	.13254	.99118	.14982	.988
38	.09816	.99517	.11552	.99331	.13283	.99114	.15011	.988
39	.09845	.99514	.11580	.99327	.13312	.99110	.15040	.988
40	.09874	.99511	.11609	.99324	.13341	.99106	.15069	.988
41	.09903	.99508	.11638	.99320	.13370	.99102	.15097	.988
42	.09932	.99506	.11667	.99317	.13399	.99098	.15126	.988
43	.09961	.99503	.11696	.99314	.13427	.99094	.15155	.988
44	.09990	.99500	.11725	.99310	.13456	.99091	.15184	.988
45	.10019	.99497	.11754	.99307	.13485	.99087	.15212	.988
46	.10048	.99494	.11783	.99303	.13514	.99083	.15241	.988
47	.10077	.99491	.11812	.99300	.13543	.99079	.15270	.988
48	.10106	.99488	.11840	.99297	.13572	.99075	.15299	.988
49	.10135	.99485	.11869	.99293	.13600	.99071	.15327	.988
50	.10164	.99482	.11898	.99290	.13629	.99067	.15356	.988
51	.10192	.99479	.11927	.99286	.13658	.99063	.15385	.988
52	.10221	.99476	.11956	.99283	.13687	.99059	.15414	.988
53	.10250	.99473	.11985	.99279	.13716	.99055	.15442	.988
54	.10279	.99470	.12014	.99276	.13744	.99051	.15471	.987
55	.10308	.99467	.12043	.99272	.13773	.99047	.15500	.987

NATURAL SINES AND COSINES.

′	10° Sine	Cosin	11° Sine	Cosin	12° Sine	Cosin	13° Sine	Cosin	14° Sine	Cosin	′
0	.17365	.98481	.19081	.98163	.20791	.97815	.22495	.97437	.24192	.97030	60
1	.17393	.98476	.19109	.98157	.20820	.97809	.22523	.97430	.24220	.97023	59
2	.17422	.98471	.19138	.98152	.20848	.97803	.22552	.97424	.24249	.97015	58
3	.17451	.98466	.19167	.98146	.20877	.97797	.22580	.97417	.24277	.97008	57
4	.17479	.98461	.19195	.98140	.20905	.97791	.22608	.97411	.24305	.97001	56
5	.17508	.98455	.19224	.98135	.20933	.97784	.22637	.97404	.24333	.96994	55
6	.17537	.98450	.19252	.98129	.20962	.97778	.22665	.97398	.24362	.96987	54
7	.17565	.98445	.19281	.98124	.20990	.97772	.22693	.97391	.24390	.96980	53
8	.17594	.98440	.19309	.98118	.21019	.97766	.22722	.97384	.24418	.96973	52
9	.17623	.98435	.19338	.98112	.21047	.97760	.22750	.97378	.24446	.96966	51
10	.17651	.98430	.19366	.98107	.21076	.97754	.22778	.97371	.24474	.96959	50
11	.17680	.98425	.19395	.98101	.21104	.97748	.22807	.97365	.24503	.96952	49
12	.17708	.98420	.19423	.98096	.21132	.97742	.22835	.97358	.24531	.96945	48
13	.17737	.98414	.19452	.98090	.21161	.97735	.22863	.97351	.24559	.96937	47
14	.17766	.98409	.19481	.98084	.21189	.97729	.22892	.97345	.24587	.96930	46
15	.17794	.98404	.19509	.98079	.21218	.97723	.22920	.97338	.24615	.96923	45
16	.17823	.98399	.19538	.98073	.21246	.97717	.22948	.97331	.24644	.96916	44
17	.17852	.98394	.19566	.98067	.21275	.97711	.22977	.97325	.24672	.96909	43
18	.17880	.98389	.19595	.98061	.21303	.97705	.23005	.97318	.24700	.96902	42
19	.17909	.98383	.19623	.98056	.21331	.97698	.23033	.97311	.24728	.96894	41
20	.17937	.98378	.19652	.98050	.21360	.97692	.23062	.97304	.24756	.96887	40
21	.17966	.98373	.19680	.98044	.21388	.97686	.23090	.97298	.24784	.96880	39
22	.17995	.98368	.19709	.98039	.21417	.97680	.23118	.97291	.24813	.96873	38
23	.18023	.98362	.19737	.98033	.21445	.97673	.23146	.97284	.24841	.96866	37
24	.18052	.98357	.19766	.98027	.21474	.97667	.23175	.97278	.24869	.96858	36
25	.18081	.98352	.19794	.98021	.21502	.97661	.23203	.97271	.24897	.96851	35
26	.18109	.98347	.19823	.98016	.21530	.97655	.23231	.97264	.24925	.96844	34
27	.18138	.98341	.19851	.98010	.21559	.97648	.23260	.97257	.24954	.96837	33
28	.18166	.98336	.19880	.98004	.21587	.97642	.23288	.97251	.24982	.96829	32
29	.18195	.98331	.19908	.97998	.21616	.97636	.23316	.97244	.25010	.96822	31
30	.18224	.98325	.19937	.97992	.21644	.97630	.23345	.97237	.25038	.96815	30
31	.18252	.98320	.19965	.97987	.21672	.97623	.23373	.97230	.25066	.96807	29
32	.18281	.98315	.19994	.97981	.21701	.97617	.23401	.97223	.25094	.96800	28
33	.18309	.98310	.20022	.97975	.21729	.97611	.23429	.97217	.25122	.96793	27
34	.18338	.98304	.20051	.97969	.21758	.97604	.23458	.97210	.25151	.96786	26
35	.18367	.98299	.20079	.97963	.21786	.97598	.23486	.97203	.25179	.96778	25
36	.18395	.98294	.20108	.97958	.21814	.97592	.23514	.97196	.25207	.96771	24
37	.18424	.98288	.20136	.97952	.21843	.97585	.23542	.97189	.25235	.96764	23
38	.18452	.98283	.20165	.97946	.21871	.97579	.23571	.97182	.25263	.96756	22
39	.18481	.98277	.20193	.97940	.21899	.97573	.23599	.97176	.25291	.96749	21
40	.18509	.98272	.20222	.97934	.21928	.97566	.23627	.97169	.25320	.96742	20
41	.18538	.98267	.20250	.97928	.21956	.97560	.23656	.97162	.25348	.96734	19
42	.18567	.98261	.20279	.97922	.21985	.97553	.23684	.97155	.25376	.96727	18
43	.18595	.98256	.20307	.97916	.22013	.97547	.23712	.97148	.25404	.96719	17
44	.18624	.98250	.20336	.97910	.22041	.97541	.23740	.97141	.25432	.96712	16
45	.18652	.98245	.20364	.97905	.22070	.97534	.23769	.97134	.25460	.96705	15
46	.18681	.98240	.20393	.97899	.22098	.97528	.23797	.97127	.25488	.96697	14
47	.18710	.98234	.20421	.97893	.22126	.97521	.23825	.97120	.25516	.96690	13
48	.18738	.98229	.20450	.97887	.22155	.97515	.23853	.97113	.25545	.96682	12
49	.18767	.98223	.20478	.97881	.22183	.97508	.23882	.97106	.25573	.96675	11
50	.18795	.98218	.20507	.97875	.22212	.97502	.23910	.97100	.25601	.96667	10
51	.18824	.98212	.20535	.97869	.22240	.97496	.23938	.97093	.25629	.96660	9
52	.18852	.98207	.20563	.97863	.22268	.97489	.23966	.97086	.25657	.96653	8
53	.18881	.98201	.20592	.97857	.22297	.97483	.23995	.97079	.25685	.96645	7
54	.18910	.98196	.20620	.97851	.22325	.97476	.24023	.97072	.25713	.96638	6
55	.18938	.98190	.20649	.97845	.22353	.97470	.24051	.97065	.25741	.96630	5
56	.18967	.98185	.20677	.97839	.22382	.97463	.24079	.97058	.25769	.96623	4
57	.18995	.98179	.20706	.97833	.22410	.97457	.24108	.97051	.25798	.96615	3
58	.19024	.98174	.20734	.97827	.22438	.97450	.24136	.97044	.25826	.96608	2
59	.19052	.98168	.20763	.97821	.22467	.97444	.24164	.97037	.25854	.96600	1
60	.19081	.98163	.20791	.97815	.22495	.97437	.24192	.97030	.25882	.96593	0
′	Cosin	Sine	Cosin	Sine	Cosin	Sine	Cosin	Sine	Cosin	Sine	′
	79°		78°		77°		76°		75°		

NATURAL SINES AND COSINES.

'	15° Sine	15° Cosin	16° Sine	16° Cosin	17° Sine	17° Cosin	18° Sine	18° Cosin	19° Sine	19° Cosin	'
0	.25882	.96593	.27564	.96126	.29237	.95630	.30902	.95106	.32557	.94552	60
1	.25910	.96585	.27592	.96118	.29265	.95622	.30929	.95097	.32584	.94542	59
2	.25938	.96578	.27620	.96110	.29293	.95613	.30957	.95088	.32612	.94533	58
3	.25966	.96570	.27648	.96102	.29321	.95605	.30985	.95079	.32639	.94523	57
4	.25994	.96562	.27676	.96094	.29348	.95596	.31012	.95070	.32667	.94514	56
5	.26022	.96555	.27704	.96086	.29376	.95588	.31040	.95061	.32694	.94504	55
6	.26050	.96547	.27731	.96078	.29404	.95579	.31068	.95052	.32722	.94495	54
7	.26079	.96540	.27759	.96070	.29432	.95571	.31095	.95043	.32749	.94485	53
8	.26107	.96532	.27787	.96062	.29460	.95562	.31123	.95033	.32777	.94476	52
9	.26135	.96524	.27815	.96054	.29487	.95554	.31151	.95024	.32804	.94466	51
10	.26163	.96517	.27843	.96046	.29515	.95545	.31178	.95015	.32832	.94457	50
11	.26191	.96509	.27871	.96037	.29543	.95536	.31206	.95006	.32859	.94447	49
12	.26219	.96502	.27899	.96029	.29571	.95528	.31233	.94997	.32887	.94438	48
13	.26247	.96494	.27927	.96021	.29599	.95519	.31261	.94988	.32914	.94428	47
14	.26275	.96486	.27955	.96013	.29626	.95511	.31289	.94979	.32942	.94418	46
15	.26303	.96479	.27983	.96005	.29654	.95502	.31316	.94970	.32969	.94409	45
16	.26331	.96471	.28011	.95997	.29682	.95493	.31344	.94961	.32997	.94399	44
17	.26359	.96463	.28039	.95989	.29710	.95485	.31372	.94952	.33024	.94390	43
18	.26387	.96456	.28067	.95981	.29737	.95476	.31399	.94943	.33051	.94380	42
19	.26415	.96448	.28095	.95972	.29765	.95467	.31427	.94933	.33079	.94370	41
20	.26443	.96440	.28123	.95964	.29793	.95459	.31454	.94924	.33106	.94361	40
21	.26471	.96433	.28150	.95956	.29821	.95450	.31482	.94915	.33134	.94351	39
22	.26500	.96425	.28178	.95948	.29849	.95441	.31510	.94906	.33161	.94342	38
23	.26528	.96417	.28206	.95940	.29876	.95433	.31537	.94897	.33189	.94332	37
24	.26556	.96410	.28234	.95931	.29904	.95424	.31565	.94888	.33216	.94322	36
25	.26584	.96402	.28262	.95923	.29932	.95415	.31593	.94878	.33244	.94313	35
26	.26612	.96394	.28290	.95915	.29960	.95407	.31620	.94869	.33271	.94303	34
27	.26640	.96386	.28318	.95907	.29987	.95398	.31648	.94860	.33298	.94293	33
28	.26668	.96379	.28346	.95898	.30015	.95389	.31675	.94851	.33326	.94284	32
29	.26696	.96371	.28374	.95890	.30043	.95380	.31703	.94842	.33353	.94274	31
30	.26724	.96363	.28402	.95882	.30071	.95372	.31730	.94832	.33381	.94264	30
31	.26752	.96355	.28429	.95874	.30098	.95363	.31758	.94823	.33408	.94254	29
32	.26780	.96347	.28457	.95865	.30126	.95354	.31786	.94814	.33436	.94245	28
33	.26808	.96340	.28485	.95857	.30154	.95345	.31813	.94805	.33463	.94235	27
34	.26836	.96332	.28513	.95849	.30182	.95337	.31841	.94795	.33490	.94225	26
35	.26864	.96324	.28541	.95841	.30209	.95328	.31868	.94786	.33518	.94215	25
36	.26892	.96316	.28569	.95832	.30237	.95319	.31896	.94777	.33545	.94206	24
37	.26920	.96308	.28597	.95824	.30265	.95310	.31923	.94768	.33573	.94196	23
38	.26948	.96301	.28625	.95816	.30292	.95301	.31951	.94758	.33600	.94186	22
39	.26976	.96293	.28652	.95807	.30320	.95293	.31979	.94749	.33627	.94176	21
40	.27004	.96285	.28680	.95799	.30348	.95284	.32006	.94740	.33655	.94167	20
41	.27032	.96277	.28708	.95791	.30376	.95275	.32034	.94730	.33682	.94157	19
42	.27060	.96269	.28736	.95782	.30403	.95266	.32061	.94721	.33710	.94147	18
43	.27088	.96261	.28764	.95774	.30431	.95257	.32089	.94712	.33737	.94137	17
44	.27116	.96253	.28792	.95766	.30459	.95248	.32116	.94702	.33764	.94127	16
45	.27144	.96246	.28820	.95757	.30486	.95240	.32144	.94693	.33792	.94118	15
46	.27172	.96238	.28847	.95749	.30514	.95231	.32171	.94684	.33819	.94108	14
47	.27200	.96230	.28875	.95740	.30542	.95222	.32199	.94674	.33846	.94098	13
48	.27228	.96222	.28903	.95732	.30570	.95213	.32227	.94665	.33874	.94088	12
49	.27256	.96214	.28931	.95724	.30597	.95204	.32254	.94656	.33901	.94078	11
50	.27284	.96206	.28959	.95715	.30625	.95195	.32282	.94646	.33929	.94068	10
51	.27312	.96198	.28987	.95707	.30653	.95186	.32309	.94637	.33956	.94058	9
52	.27340	.96190	.29015	.95698	.30680	.95177	.32337	.94627	.33983	.94049	8
53	.27368	.96182	.29042	.95690	.30708	.95168	.32364	.94618	.34011	.94039	7
54	.27396	.96174	.29070	.95681	.30736	.95159	.32392	.94609	.34038	.94029	6
55	.27424	.96166	.29098	.95673	.30763	.95150	.32419	.94599	.34065	.94019	5
56	.27452	.96158	.29126	.95664	.30791	.95142	.32447	.94590	.34093	.94009	4
57	.27480	.96150	.29154	.95656	.30819	.95133	.32474	.94580	.34120	.93999	3
58	.27508	.96142	.29182	.95647	.30846	.95124	.32502	.94571	.34147	.93989	2
59	.27536	.96134	.29209	.95639	.30874	.95115	.32529	.94561	.34175	.93979	1
60	.27564	.96126	.29237	.95630	.30902	.95106	.32557	.94552	.34202	.93969	0
'	Cosin	Sine	Cosin	Sine	Cosin	Sine	Cosin	Sine	Cosin	Sine	'
	74°		73°		72°		71°		70°		

NATURAL SINES AND COSINES.

′	20° Sine	20° Cosin	21° Sine	21° Cosin	22° Sine	22° Cosin	23° Sine	23° Cosin	24° Sine	24° Cosin	′
0	.34202	.93969	.35837	.93358	.37461	.92718	.39073	.92050	.40674	.91355	60
1	.34229	.93959	.35864	.93348	.37488	.92707	.39100	.92039	.40700	.91343	59
2	.34257	.93949	.35891	.93337	.37515	.92697	.39127	.92028	.40727	.91331	58
3	.34284	.93939	.35918	.93327	.37542	.92686	.39153	.92016	.40753	.91319	57
4	.34311	.93929	.35945	.93316	.37569	.92675	.39180	.92005	.40780	.91307	56
5	.34339	.93919	.35973	.93306	.37595	.92664	.39207	.91994	.40806	.91295	55
6	.34366	.93909	.36000	.93295	.37622	.92653	.39234	.91982	.40833	.91283	54
7	.34393	.93899	.36027	.93285	.37649	.92642	.39260	.91971	.40860	.91272	53
8	.34421	.93889	.36054	.93274	.37676	.92631	.39287	.91959	.40886	.91260	52
9	.34448	.93879	.36081	.93264	.37703	.92620	.39314	.91948	.40913	.91248	51
10	.34475	.93869	.36108	.93253	.37730	.92609	.39341	.91936	.40939	.91236	50
11	.34503	.93859	.36135	.93243	.37757	.92598	.39367	.91925	.40966	.91224	49
12	.34530	.93849	.36162	.93232	.37784	.92587	.39394	.91914	.40992	.91212	48
13	.34557	.93839	.36190	.93222	.37811	.92576	.39421	.91902	.41019	.91200	47
14	.34584	.93829	.36217	.93211	.37838	.92565	.39448	.91891	.41045	.91188	46
15	.34612	.93819	.36244	.93201	.37865	.92554	.39474	.91879	.41072	.91176	45
16	.34639	.93809	.36271	.93190	.37892	.92543	.39501	.91868	.41098	.91164	44
17	.34666	.93799	.36298	.93180	.37919	.92532	.39528	.91856	.41125	.91152	43
18	.34694	.93789	.36325	.93169	.37946	.92521	.39555	.91845	.41151	.91140	42
19	.34721	.93779	.36352	.93159	.37973	.92510	.39581	.91833	.41178	.91128	41
20	.34748	.93769	.36379	.93148	.37999	.92499	.39608	.91822	.41204	.91116	40
21	.34775	.93759	.36406	.93137	.38026	.92488	.39635	.91810	.41231	.91104	39
22	.34803	.93748	.36434	.93127	.38053	.92477	.39661	.91799	.41257	.91092	38
23	.34830	.93738	.36461	.93116	.38080	.92466	.39688	.91787	.41284	.91080	37
24	.34857	.93728	.36488	.93106	.38107	.92455	.39715	.91775	.41310	.91068	36
25	.34884	.93718	.36515	.93095	.38134	.92444	.39741	.91764	.41337	.91056	35
26	.34912	.93708	.36542	.93084	.38161	.92432	.39768	.91752	.41363	.91044	34
27	.34939	.93698	.36569	.93074	.38188	.92421	.39795	.91741	.41390	.91032	33
28	.34966	.93688	.36596	.93063	.38215	.92410	.39822	.91729	.41416	.91020	32
29	.34993	.93677	.36623	.93052	.38241	.92399	.39848	.91718	.41443	.91008	31
30	.35021	.93667	.36650	.93042	.38268	.92388	.39875	.91706	.41469	.90996	30
31	.35048	.93657	.36677	.93031	.38295	.92377	.39902	.91694	.41496	.90984	29
32	.35075	.93647	.36704	.93020	.38322	.92366	.39928	.91683	.41522	.90972	28
33	.35102	.93637	.36731	.93010	.38349	.92355	.39955	.91671	.41549	.90960	27
34	.35130	.93626	.36758	.92999	.38376	.92343	.39982	.91660	.41575	.90948	26
35	.35157	.93616	.36785	.92988	.38403	.92332	.40008	.91648	.41602	.90936	25
36	.35184	.93606	.36812	.92978	.38430	.92321	.40035	.91636	.41628	.90924	24
37	.35211	.93596	.36839	.92967	.38456	.92310	.40062	.91625	.41655	.90911	23
38	.35239	.93585	.36867	.92956	.38483	.92299	.40088	.91613	.41681	.90899	22
39	.35266	.93575	.36894	.92945	.38510	.92287	.40115	.91601	.41707	.90887	21
40	.35293	.93565	.36921	.92935	.38537	.92276	.40141	.91590	.41734	.90875	20
41	.35320	.93555	.36948	.92924	.38564	.92265	.40168	.91578	.41760	.90863	19
42	.35347	.93544	.36975	.92913	.38591	.92254	.40195	.91566	.41787	.90851	18
43	.35375	.93534	.37002	.92902	.38617	.92243	.40221	.91555	.41813	.90839	17
44	.35402	.93524	.37029	.92892	.38644	.92231	.40248	.91543	.41840	.90826	16
45	.35429	.93514	.37056	.92881	.38671	.92220	.40275	.91531	.41866	.90814	15
46	.35456	.93503	.37083	.92870	.38698	.92209	.40301	.91519	.41892	.90802	14
47	.35484	.93493	.37110	.92859	.38725	.92198	.40328	.91508	.41919	.90790	13
48	.35511	.93483	.37137	.92849	.38752	.92186	.40355	.91496	.41945	.90778	12
49	.35538	.93472	.37164	.92838	.38778	.92175	.40381	.91484	.41972	.90766	11
50	.35565	.93462	.37191	.92827	.38805	.92164	.40408	.91472	.41998	.90753	10
51	.35592	.93452	.37218	.92816	.38832	.92152	.40434	.91461	.42024	.90741	9
52	.35619	.93441	.37245	.92805	.38859	.92141	.40461	.91449	.42051	.90729	8
53	.35647	.93431	.37272	.92794	.38886	.92130	.40488	.91437	.42077	.90717	7
54	.35674	.93420	.37299	.92784	.38912	.92119	.40514	.91425	.42104	.90704	6
55	.35701	.93410	.37326	.92773	.38939	.92107	.40541	.91414	.42130	.90692	5
56	.35728	.93400	.37353	.92762	.38966	.92096	.40567	.91402	.42156	.90680	4
57	.35755	.93389	.37380	.92751	.38993	.92085	.40594	.91390	.42183	.90668	3
58	.35782	.93379	.37407	.92740	.39020	.92073	.40621	.91378	.42209	.90655	2
59	.35810	.93368	.37434	.92729	.39046	.92062	.40647	.91366	.42235	.90643	1
60	.35837	.93358	.37461	.92718	.39073	.92050	.40674	.91355	.42262	.90631	0
	Cosin	Sine	Cosin	Sine	Cosin	Sine	Cosin	Sine	Cosin	Sine	
′	69°		68°		67°		66°		65°		′

NATURAL SINES AND COSINES.

′	25°		26°		27°		28°		29°		′
	Sine	Cosin	Sine	Cosin	Sine	Cosin	Sine	Cosin	Sine	Cosin	
0	.42262	.90631	.43837	.89879	.45399	.89101	.46947	.88295	.48481	.87462	60
1	.42288	.90618	.43863	.89867	.45425	.89087	.46973	.88281	.48506	.87448	59
2	.42315	.90606	.43889	.89854	.45451	.89074	.46999	.88267	.48532	.87434	58
3	.42341	.90594	.43916	.89841	.45477	.89061	.47024	.88254	.48557	.87420	57
4	.42367	.90582	.43942	.89828	.45503	.89048	.47050	.88240	.48583	.87406	56
5	.42394	.90569	.43968	.89816	.45529	.89035	.47076	.88226	.48608	.87391	55
6	.42420	.90557	.43994	.89803	.45554	.89021	.47101	.88213	.48634	.87377	54
7	.42446	.90545	.44020	.89790	.45580	.89008	.47127	.88199	.48659	.87363	53
8	.42473	.90532	.44046	.89777	.45606	.88995	.47153	.88185	.48684	.87349	52
9	.42499	.90520	.44072	.89764	.45632	.88981	.47178	.88172	.48710	.87335	51
10	.42525	.90507	.44098	.89752	.45658	.88968	.47204	.88158	.48735	.87321	50
11	.42552	.90495	.44124	.89739	.45684	.88955	.47229	.88144	.48761	.87306	49
12	.42578	.90483	.44151	.89726	.45710	.88942	.47255	.88130	.48786	.87292	48
13	.42604	.90470	.44177	.89713	.45736	.88928	.47281	.88117	.48811	.87278	47
14	.42631	.90458	.44203	.89700	.45762	.88915	.47306	.88103	.48837	.87264	46
15	.42657	.90446	.44229	.89687	.45787	.88902	.47332	.88089	.48862	.87250	45
16	.42683	.90433	.44255	.89674	.45813	.88888	.47358	.88075	.48888	.87235	44
17	.42709	.90421	.44281	.89662	.45839	.88875	.47383	.88062	.48913	.87221	43
18	.42736	.90408	.44307	.89649	.45865	.88862	.47409	.88048	.48938	.87207	42
19	.42762	.90396	.44333	.89636	.45891	.88848	.47434	.88034	.48964	.87193	41
20	.42788	.90383	.44359	.89623	.45917	.88835	.47460	.88020	.48989	.87178	40
21	.42815	.90371	.44385	.89610	.45942	.88822	.47486	.88006	.49014	.87164	39
22	.42841	.90358	.44411	.89597	.45968	.88808	.47511	.87993	.49040	.87150	38
23	.42867	.90346	.44437	.89584	.45994	.88795	.47537	.87979	.49065	.87136	37
24	.42894	.90334	.44464	.89571	.46020	.88782	.47562	.87965	.49090	.87121	36
25	.42920	.90321	.44490	.89558	.46046	.88768	.47588	.87951	.49116	.87107	35
26	.42946	.90309	.44516	.89545	.46072	.88755	.47614	.87937	.49141	.87093	34
27	.42972	.90296	.44542	.89532	.46097	.88741	.47639	.87923	.49166	.87079	33
28	.42999	.90284	.44568	.89519	.46123	.88728	.47665	.87909	.49192	.87064	32
29	.43025	.90271	.44594	.89506	.46149	.88715	.47690	.87896	.49217	.87050	31
30	.43051	.90259	.44620	.89493	.46175	.88701	.47716	.87882	.49242	.87036	30
31	.43077	.90246	.44646	.89480	.46201	.88688	.47741	.87868	.49268	.87021	29
32	.43104	.90233	.44672	.89467	.46226	.88674	.47767	.87854	.49293	.87007	28
33	.43130	.90221	.44698	.89454	.46252	.88661	.47793	.87840	.49318	.86993	27
34	.43156	.90208	.44724	.89441	.46278	.88647	.47818	.87826	.49344	.86978	26
35	.43182	.90196	.44750	.89428	.46304	.88634	.47844	.87812	.49369	.86964	25
36	.43209	.90183	.44776	.89415	.46330	.88620	.47869	.87798	.49394	.86949	24
37	.43235	.90171	.44802	.89402	.46355	.88607	.47895	.87784	.49419	.86935	23
38	.43261	.90158	.44828	.89389	.46381	.88593	.47920	.87770	.49445	.86921	22
39	.43287	.90146	.44854	.89376	.46407	.88580	.47946	.87756	.49470	.86906	21
40	.43313	.90133	.44880	.89363	.46433	.88566	.47971	.87743	.49495	.86892	20
41	.43340	.90120	.44906	.89350	.46458	.88553	.47997	.87729	.49521	.86878	19
42	.43366	.90108	.44932	.89337	.46484	.88539	.48022	.87715	.49546	.86863	18
43	.43392	.90095	.44958	.89324	.46510	.88526	.48048	.87701	.49571	.86849	17
44	.43418	.90082	.44984	.89311	.46536	.88512	.48073	.87687	.49596	.86834	16
45	.43445	.90070	.45010	.89298	.46561	.88499	.48099	.87673	.49622	.86820	15
46	.43471	.90057	.45036	.89285	.46587	.88485	.48124	.87659	.49647	.86805	14
47	.43497	.90045	.45062	.89272	.46613	.88472	.48150	.87645	.49672	.86791	13
48	.43523	.90032	.45088	.89259	.46639	.88458	.48175	.87631	.49697	.86777	12
49	.43549	.90019	.45114	.89245	.46664	.88445	.48201	.87617	.49723	.86762	11
50	.43575	.90007	.45140	.89232	.46690	.88431	.48226	.87603	.49748	.86748	10
51	.43602	.89994	.45166	.89219	.46716	.88417	.48252	.87589	.49773	.86733	9
52	.43628	.89981	.45192	.89206	.46742	.88404	.48277	.87575	.49798	.86719	8
53	.43654	.89968	.45218	.89193	.46767	.88390	.48303	.87561	.49824	.86704	7
54	.43680	.89956	.45243	.89180	.46793	.88377	.48328	.87546	.49849	.86690	6
55	.43706	.89943	.45269	.89167	.46819	.88363	.48354	.87532	.49874	.86675	5
56	.43733	.89930	.45295	.89153	.46844	.88349	.48379	.87518	.49899	.86661	4
57	.43759	.89918	.45321	.89140	.46870	.88336	.48405	.87504	.49924	.86646	3
58	.43785	.89905	.45347	.89127	.46896	.88322	.48430	.87490	.49950	.86632	2
59	.43811	.89892	.45373	.89114	.46921	.88308	.48456	.87476	.49975	.86617	1
60	.43837	.89879	.45399	.89101	.46947	.88295	.48481	.87462	.50000	.86603	0
	Cosin	Sine	Cosin	Sine	Cosin	Sine	Cosin	Sine	Cosin	Sine	
′	64°		63°		62°		61°		60°		′

71

NATURAL SINES AND COSINES.

′	30° Sine	30° Cosin	31° Sine	31° Cosin	32° Sine	32° Cosin	33° Sine	33° Cosin	34° Sine	34° Cosin	′
0	.50000	.86603	.51504	.85717	.52992	.84805	.54464	.83867	.55919	.82904	60
1	.50025	.86588	.51529	.85702	.53017	.84789	.54488	.83851	.55943	.82887	59
2	.50050	.86573	.51554	.85687	.53041	.84774	.54513	.83835	.55968	.82871	58
3	.50076	.86559	.51579	.85672	.53066	.84759	.54537	.83819	.55992	.82855	57
4	.50101	.86544	.51604	.85657	.53091	.84743	.54561	.83804	.56016	.82839	56
5	.50126	.86530	.51628	.85642	.53115	.84728	.54586	.83788	.56040	.82822	55
6	.50151	.86515	.51653	.85627	.53140	.84712	.54610	.83772	.56064	.82806	54
7	.50176	.86501	.51678	.85612	.53164	.84697	.54635	.83756	.56088	.82790	53
8	.50201	.86486	.51703	.85597	.53189	.84681	.54659	.83740	.56112	.82773	52
9	.50227	.86471	.51728	.85582	.53214	.84666	.54683	.83724	.56136	.82757	51
10	.50252	.86457	.51753	.85567	.53238	.84650	.54708	.83708	.56160	.82741	50
11	.50277	.86442	.51778	.85551	.53263	.84635	.54732	.83692	.56184	.82724	49
12	.50302	.86427	.51803	.85536	.53288	.84619	.54756	.83676	.56208	.82708	48
13	.50327	.86413	.51828	.85521	.53312	.84604	.54781	.83660	.56232	.82692	47
14	.50352	.86398	.51852	.85506	.53337	.84588	.54805	.83645	.56256	.82675	46
15	.50377	.86384	.51877	.85491	.53361	.84573	.54829	.83629	.56280	.82659	45
16	.50403	.86369	.51902	.85476	.53386	.84557	.54854	.83613	.56305	.82643	44
17	.50428	.86354	.51927	.85461	.53411	.84542	.54878	.83597	.56329	.82626	43
18	.50453	.86340	.51952	.85446	.53435	.84526	.54902	.83581	.56353	.82610	42
19	.50478	.86325	.51977	.85431	.53460	.84511	.54927	.83565	.56377	.82593	41
20	.50503	.86310	.52002	.85416	.53484	.84495	.54951	.83549	.56401	.82577	40
21	.50528	.86295	.52026	.85401	.53509	.84480	.54975	.83533	.56425	.82561	39
22	.50553	.86281	.52051	.85385	.53534	.84464	.54999	.83517	.56449	.82544	38
23	.50578	.86266	.52076	.85370	.53558	.84448	.55024	.83501	.56473	.82528	37
24	.50603	.86251	.52101	.85355	.53583	.84433	.55048	.83485	.56497	.82511	36
25	.50628	.86237	.52126	.85340	.53607	.84417	.55072	.83469	.56521	.82495	35
26	.50654	.86222	.52151	.85325	.53632	.84402	.55097	.83453	.56545	.82478	34
27	.50679	.86207	.52175	.85310	.53656	.84386	.55121	.83437	.56569	.82462	33
28	.50704	.86192	.52200	.85294	.53681	.84370	.55145	.83421	.56593	.82446	32
29	.50729	.86178	.52225	.85279	.53705	.84355	.55169	.83405	.56617	.82429	31
30	.50754	.86163	.52250	.85264	.53730	.84339	.55194	.83389	.56641	.82413	30
31	.50779	.86148	.52275	.85249	.53754	.84324	.55218	.83373	.56665	.82396	29
32	.50804	.86133	.52299	.85234	.53779	.84308	.55242	.83356	.56689	.82380	28
33	.50829	.86119	.52324	.85218	.53804	.84292	.55266	.83340	.56713	.82363	27
34	.50854	.86104	.52349	.85203	.53828	.84277	.55291	.83324	.56736	.82347	26
35	.50879	.86089	.52374	.85188	.53853	.84261	.55315	.83308	.56760	.82330	25
36	.50904	.86074	.52399	.85173	.53877	.84245	.55339	.83292	.56784	.82314	24
37	.50929	.86059	.52423	.85157	.53902	.84230	.55363	.83276	.56808	.82297	23
38	.50954	.86045	.52448	.85142	.53926	.84214	.55388	.83260	.56832	.82281	22
39	.50979	.86030	.52473	.85127	.53951	.84198	.55412	.83244	.56856	.82264	21
40	.51004	.86015	.52498	.85112	.53975	.84182	.55436	.83228	.56880	.82248	20
41	.51029	.86000	.52522	.85096	.54000	.84167	.55460	.83212	.56904	.82231	19
42	.51054	.85985	.52547	.85081	.54024	.84151	.55484	.83195	.56928	.82214	18
43	.51079	.85970	.52572	.85066	.54049	.84135	.55509	.83179	.56952	.82198	17
44	.51104	.85956	.52597	.85051	.54073	.84120	.55533	.83163	.56976	.82181	16
45	.51129	.85941	.52621	.85035	.54097	.84104	.55557	.83147	.57000	.82165	15
46	.51154	.85926	.52646	.85020	.54122	.84088	.55581	.83131	.57024	.82148	14
47	.51179	.85911	.52671	.85005	.54146	.84072	.55605	.83115	.57047	.82132	13
48	.51204	.85896	.52696	.84989	.54171	.84057	.55630	.83098	.57071	.82115	12
49	.51229	.85881	.52720	.84974	.54195	.84041	.55654	.83082	.57095	.82098	11
50	.51254	.85866	.52745	.84959	.54220	.84025	.55678	.83066	.57119	.82082	10
51	.51279	.85851	.52770	.84943	.54244	.84009	.55702	.83050	.57143	.82065	9
52	.51304	.85836	.52794	.84928	.54269	.83994	.55726	.83034	.57167	.82048	8
53	.51329	.85821	.52819	.84913	.54293	.83978	.55750	.83017	.57191	.82032	7
54	.51354	.85806	.52844	.84897	.54317	.83962	.55775	.83001	.57215	.82015	6
55	.51379	.85792	.52869	.84882	.54342	.83946	.55799	.82985	.57238	.81999	5
56	.51404	.85777	.52893	.84866	.54366	.83930	.55823	.82969	.57262	.81982	4
57	.51429	.85762	.52918	.84851	.54391	.83915	.55847	.82953	.57286	.81965	3
58	.51454	.85747	.52943	.84836	.54415	.83899	.55871	.82936	.57310	.81949	2
59	.51479	.85732	.52967	.84820	.54440	.83883	.55895	.82920	.57334	.81932	1
60	.51504	.85717	.52992	.84805	.54464	.83867	.55919	.82904	.57358	.81915	0
′	Cosin	Sine	Cosin	Sine	Cosin	Sine	Cosin	Sine	Cosin	Sine	′
	59°		58°		57°		56°		55°		

NATURAL SINES AND COSINES.

′	35° Sine	35° Cosin	36° Sine	36° Cosin	37° Sine	37° Cosin	38° Sine	38° Cosin	39° Sine	39° Cosin	′
0	.57358	.81915	.58779	.80902	.60182	.79864	.61566	.78801	.62932	.77715	60
1	.57381	.81899	.58802	.80885	.60205	.79846	.61589	.78783	.62955	.77696	59
2	.57405	.81882	.58826	.80867	.60228	.79829	.61612	.78765	.62977	.77678	58
3	.57429	.81865	.58849	.80850	.60251	.79811	.61635	.78747	.63000	.77660	57
4	.57453	.81848	.58873	.80833	.60274	.79793	.61658	.78729	.63022	.77641	56
5	.57477	.81832	.58896	.80816	.60298	.79776	.61681	.78711	.63045	.77623	55
6	.57501	.81815	.58920	.80799	.60321	.79758	.61704	.78694	.63068	.77605	54
7	.57524	.81798	.58943	.80782	.60344	.79741	.61726	.78676	.63090	.77586	53
8	.57548	.81782	.58967	.80765	.60367	.79723	.61749	.78658	.63113	.77568	52
9	.57572	.81765	.58990	.80748	.60390	.79706	.61772	.78640	.63135	.77550	51
10	.57596	.81748	.59014	.80730	.60414	.79688	.61795	.78622	.63158	.77531	50
11	.57619	.81731	.59037	.80713	.60437	.79671	.61818	.78604	.63180	.77513	49
12	.57643	.81714	.59061	.80696	.60460	.79653	.61841	.78586	.63203	.77494	48
13	.57667	.81698	.59084	.80679	.60483	.79635	.61864	.78568	.63225	.77476	47
14	.57691	.81681	.59108	.80662	.60506	.79618	.61887	.78550	.63248	.77458	46
15	.57715	.81664	.59131	.80644	.60529	.79600	.61909	.78532	.63271	.77439	45
16	.57738	.81647	.59154	.80627	.60553	.79583	.61932	.78514	.63293	.77421	44
17	.57762	.81631	.59178	.80610	.60576	.79565	.61955	.78496	.63316	.77402	43
18	.57786	.81614	.59201	.80593	.60599	.79547	.61978	.78478	.63338	.77384	42
19	.57810	.81597	.59225	.80576	.60622	.79530	.62001	.78460	.63361	.77366	41
20	.57833	.81580	.59248	.80558	.60645	.79512	.62024	.78442	.63383	.77347	40
21	.57857	.81563	.59272	.80541	.60668	.79494	.62046	.78424	.63406	.77329	39
22	.57881	.81546	.59295	.80524	.60691	.79477	.62069	.78405	.63428	.77310	38
23	.57904	.81530	.59318	.80507	.60714	.79459	.62092	.78387	.63451	.77292	37
24	.57928	.81513	.59342	.80489	.60738	.79441	.62115	.78369	.63473	.77273	36
25	.57952	.81496	.59365	.80472	.60761	.79424	.62138	.78351	.63496	.77255	35
26	.57976	.81479	.59389	.80455	.60784	.79406	.62160	.78333	.63518	.77236	34
27	.57999	.81462	.59412	.80438	.60807	.79388	.62183	.78315	.63540	.77218	33
28	.58023	.81445	.59436	.80420	.60830	.79371	.62206	.78297	.63563	.77199	32
29	.58047	.81428	.59459	.80403	.60853	.79353	.62229	.78279	.63585	.77181	31
30	.58070	.81412	.59482	.80386	.60876	.79335	.62251	.78261	.63608	.77162	30
31	.58094	.81395	.59506	.80368	.60899	.79318	.62274	.78243	.63630	.77144	29
32	.58118	.81378	.59529	.80351	.60922	.79300	.62297	.78225	.63653	.77125	28
33	.58141	.81361	.59552	.80334	.60945	.79282	.62320	.78206	.63675	.77107	27
34	.58165	.81344	.59576	.80316	.60968	.79264	.62342	.78188	.63698	.77088	26
35	.58189	.81327	.59599	.80299	.60991	.79247	.62365	.78170	.63720	.77070	25
36	.58212	.81310	.59622	.80282	.61015	.79229	.62388	.78152	.63742	.77051	24
37	.58236	.81293	.59646	.80264	.61038	.79211	.62411	.78134	.63765	.77033	23
38	.58260	.81276	.59669	.80247	.61061	.79193	.62433	.78116	.63787	.77014	22
39	.58283	.81259	.59693	.80230	.61084	.79176	.62456	.78098	.63810	.76996	21
40	.58307	.81242	.59716	.80212	.61107	.79158	.62479	.78079	.63832	.76977	20
41	.58330	.81225	.59739	.80195	.61130	.79140	.62502	.78061	.63854	.76959	19
42	.58354	.81208	.59763	.80178	.61153	.79122	.62524	.78043	.63877	.76940	18
43	.58378	.81191	.59786	.80160	.61176	.79105	.62547	.78025	.63899	.76921	17
44	.58401	.81174	.59809	.80143	.61199	.79087	.62570	.78007	.63922	.76903	16
45	.58425	.81157	.59832	.80125	.61222	.79069	.62592	.77988	.63944	.76884	15
46	.58449	.81140	.59856	.80108	.61245	.79051	.62615	.77970	.63966	.76866	14
47	.58472	.81123	.59879	.80091	.61268	.79033	.62638	.77952	.63989	.76847	13
48	.58496	.81106	.59902	.80073	.61291	.79016	.62660	.77934	.64011	.76828	12
49	.58519	.81089	.59926	.80056	.61314	.78998	.62683	.77916	.64033	.76810	11
50	.58543	.81072	.59949	.80038	.61337	.78980	.62706	.77897	.64056	.76791	10
51	.58567	.81055	.59972	.80021	.61360	.78962	.62728	.77879	.64078	.76772	9
52	.58590	.81038	.59995	.80003	.61383	.78944	.62751	.77861	.64100	.76754	8
53	.58614	.81021	.60019	.79986	.61406	.78926	.62774	.77843	.64123	.76735	7
54	.58637	.81004	.60042	.79968	.61429	.78908	.62796	.77824	.64145	.76717	6
55	.58661	.80987	.60065	.79951	.61451	.78891	.62819	.77806	.64167	.76698	5
56	.58684	.80970	.60089	.79934	.61474	.78873	.62842	.77788	.64190	.76679	4
57	.58708	.80953	.60112	.79916	.61497	.78855	.62864	.77769	.64212	.76661	3
58	.58731	.80936	.60135	.79899	.61520	.78837	.62887	.77751	.64234	.76642	2
59	.58755	.80919	.60158	.79881	.61543	.78819	.62909	.77733	.64256	.76623	1
60	.58779	.80902	.60182	.79864	.61566	.78801	.62932	.77715	.64279	.76604	0
′	Cosin	Sine	Cosin	Sine	Cosin	Sine	Cosin	Sine	Cosin	Sine	′
	54°		53°		52°		51°		50°		

73

NATURAL SINES AND COSINES.

′	40° Sine	40° Cosin	41° Sine	41° Cosin	42° Sine	42° Cosin	43° Sine	43° Cosin	44° Sine	44° Cosin	′
0	.64279	.76604	.65606	.75471	.66913	.74314	.68200	.73135	.69466	.71934	60
1	.64301	.76586	.65628	.75452	.66935	.74295	.68221	.73116	.69487	.71914	59
2	.64323	.76567	.65650	.75433	.66956	.74276	.68242	.73096	.69508	.71894	58
3	.64346	.76548	.65672	.75414	.66978	.74256	.68264	.73076	.69529	.71873	57
4	.64368	.76530	.65694	.75395	.66999	.74237	.68285	.73056	.69549	.71853	56
5	.64390	.76511	.65716	.75375	.67021	.74217	.68306	.73036	.69570	.71833	55
6	.64412	.76492	.65738	.75356	.67043	.74198	.68327	.73016	.69591	.71813	54
7	.64435	.76473	.65759	.75337	.67064	.74178	.68349	.72996	.69612	.71792	53
8	.64457	.76455	.65781	.75318	.67086	.74159	.68370	.72976	.69633	.71772	52
9	.64479	.76436	.65803	.75299	.67107	.74139	.68391	.72957	.69654	.71752	51
10	.64501	.76417	.65825	.75280	.67129	.74120	.68412	.72937	.69675	.71732	50
11	.64524	.76398	.65847	.75261	.67151	.74100	.68434	.72917	.69696	.71711	49
12	.64546	.76380	.65869	.75241	.67172	.74080	.68455	.72897	.69717	.71691	48
13	.64568	.76361	.65891	.75222	.67194	.74061	.68476	.72877	.69737	.71671	47
14	.64590	.76342	.65913	.75203	.67215	.74041	.68497	.72857	.69758	.71650	46
15	.64612	.76323	.65935	.75184	.67237	.74022	.68518	.72837	.69779	.71630	45
16	.64635	.76304	.65956	.75165	.67258	.74002	.68539	.72817	.69800	.71610	44
17	.64657	.76286	.65978	.75146	.67280	.73983	.68561	.72797	.69821	.71590	43
18	.64679	.76267	.66000	.75126	.67301	.73963	.68582	.72777	.69842	.71569	42
19	.64701	.76248	.66022	.75107	.67323	.73944	.68603	.72757	.69862	.71549	41
20	.64723	.76229	.66044	.75088	.67344	.73924	.68624	.72737	.69883	.71529	40
21	.64746	.76210	.66066	.75069	.67366	.73904	.68645	.72717	.69904	.71508	39
22	.64768	.76192	.66088	.75050	.67387	.73885	.68666	.72697	.69925	.71488	38
23	.64790	.76173	.66109	.75030	.67409	.73865	.68688	.72677	.69946	.71468	37
24	.64812	.76154	.66131	.75011	.67430	.73846	.68709	.72657	.69966	.71447	36
25	.64834	.76135	.66153	.74992	.67452	.73826	.68730	.72637	.69987	.71427	35
26	.64856	.76116	.66175	.74973	.67473	.73806	.68751	.72617	.70008	.71407	34
27	.64878	.76097	.66197	.74953	.67495	.73787	.68772	.72597	.70029	.71386	33
28	.64901	.76078	.66218	.74934	.67516	.73767	.68793	.72577	.70049	.71366	32
29	.64923	.76059	.66240	.74915	.67538	.73747	.68814	.72557	.70070	.71345	31
30	.64945	.76041	.66262	.74896	.67559	.73728	.68835	.72537	.70091	.71325	30
31	.64967	.76022	.66284	.74876	.67580	.73708	.68857	.72517	.70112	.71305	29
32	.64989	.76003	.66306	.74857	.67602	.73688	.68878	.72497	.70132	.71284	28
33	.65011	.75984	.66327	.74838	.67623	.73669	.68899	.72477	.70153	.71264	27
34	.65033	.75965	.66349	.74818	.67645	.73649	.68920	.72457	.70174	.71243	26
35	.65055	.75946	.66371	.74799	.67666	.73629	.68941	.72437	.70195	.71223	25
36	.65077	.75927	.66393	.74780	.67688	.73610	.68962	.72417	.70215	.71203	24
37	.65100	.75908	.66414	.74760	.67709	.73590	.68983	.72397	.70236	.71182	23
38	.65122	.75889	.66436	.74741	.67730	.73570	.69004	.72377	.70257	.71162	22
39	.65144	.75870	.66458	.74722	.67752	.73551	.69025	.72357	.70277	.71141	21
40	.65166	.75851	.66480	.74703	.67773	.73531	.69046	.72337	.70298	.71121	20
41	.65188	.75832	.66501	.74683	.67795	.73511	.69067	.72317	.70319	.71100	19
42	.65210	.75813	.66523	.74664	.67816	.73491	.69088	.72297	.70339	.71080	18
43	.65232	.75794	.66545	.74644	.67837	.73472	.69109	.72277	.70360	.71059	17
44	.65254	.75775	.66566	.74625	.67859	.73452	.69130	.72257	.70381	.71039	16
45	.65276	.75756	.66588	.74606	.67880	.73432	.69151	.72236	.70401	.71019	15
46	.65298	.75738	.66610	.74586	.67901	.73413	.69172	.72216	.70422	.70998	14
47	.65320	.75719	.66632	.74567	.67923	.73393	.69193	.72196	.70443	.70978	13
48	.65342	.75700	.66653	.74548	.67944	.73373	.69214	.72176	.70463	.70957	12
49	.65364	.75680	.66675	.74528	.67965	.73353	.69235	.72156	.70484	.70937	11
50	.65386	.75661	.66697	.74509	.67987	.73333	.69256	.72136	.70505	.70916	10
51	.65408	.75642	.66718	.74489	.68008	.73314	.69277	.72116	.70525	.70896	9
52	.65430	.75623	.66740	.74470	.68029	.73294	.69298	.72095	.70546	.70875	8
53	.65452	.75604	.66762	.74451	.68051	.73274	.69319	.72075	.70567	.70855	7
54	.65474	.75585	.66783	.74431	.68072	.73254	.69340	.72055	.70587	.70834	6
55	.65496	.75566	.66805	.74412	.68093	.73234	.69361	.72035	.70608	.70813	5
56	.65518	.75547	.66827	.74392	.68115	.73215	.69382	.72015	.70628	.70793	4
57	.65540	.75528	.66848	.74373	.68136	.73195	.69403	.71995	.70649	.70772	3
58	.65562	.75509	.66870	.74353	.68157	.73175	.69424	.71974	.70670	.70752	2
59	.65584	.75490	.66891	.74334	.68179	.73155	.69445	.71954	.70690	.70731	1
60	.65606	.75471	.66913	.74314	.68200	.73135	.69466	.71934	.70711	.70711	0
′	Cosin	Sine	Cosin	Sine	Cosin	Sine	Cosin	Sine	Cosin	Sine	′
	49°		48°		47°		46°		45°		

NATURAL TANGENTS AND COTANGENTS.

′	0° Tang	0° Cotang	1° Tang	1° Cotang	2° Tang	2° Cotang	3° Tang	3° Cotang	′
0	.00000	Infinite.	.01746	57.2900	.03492	28.6363	.05241	19.0811	60
1	.00029	3437.75	.01775	56.3506	.03521	28.3994	.05270	18.9755	59
2	.00058	1718.87	.01804	55.4415	.03550	28.1664	.05299	18.8711	58
3	.00087	1145.92	.01833	54.5613	.03579	27.9372	.05328	18.7678	57
4	.00116	859.436	.01862	53.7086	.03609	27.7117	.05357	18.6656	56
5	.00145	687.549	.01891	52.8821	.03638	27.4899	.05387	18.5645	55
6	.00175	572.957	.01920	52.0807	.03667	27.2715	.05416	18.4645	54
7	.00204	491.106	.01949	51.3032	.03696	27.0566	.05445	18.3655	53
8	.00233	429.718	.01978	50.5485	.03725	26.8450	.05474	18.2677	52
9	.00262	381.971	.02007	49.8157	.03754	26.6367	.05503	18.1708	51
10	.00291	343.774	.02036	49.1039	.03783	26.4316	.05533	18.0750	50
11	.00320	312.521	.02066	48.4121	.03812	26.2296	.05562	17.9802	49
12	.00349	286.478	.02095	47.7395	.03842	26.0307	.05591	17.8863	48
13	.00378	264.441	.02124	47.0853	.03871	25.8348	.05620	17.7934	47
14	.00407	245.552	.02153	46.4489	.03900	25.6418	.05649	17.7015	46
15	.00436	229.182	.02182	45.8294	.03929	25.4517	.05678	17.6106	45
16	.00465	214.858	.02211	45.2261	.03958	25.2644	.05708	17.5205	44
17	.00495	202.219	.02240	44.6386	.03987	25.0798	.05737	17.4314	43
18	.00524	190.984	.02269	44.0661	.04016	24.8978	.05766	17.3432	42
19	.00553	180.932	.02298	43.5081	.04046	24.7185	.05795	17.2558	41
20	.00582	171.885	.02328	42.9641	.04075	24.5418	.05824	17.1693	40
21	.00611	163.700	.02357	42.4335	.04104	24.3675	.05854	17.0837	39
22	.00640	156.259	.02386	41.9158	.04133	24.1957	.05883	16.9990	38
23	.00669	149.465	.02415	41.4106	.04162	24.0263	.05912	16.9150	37
24	.00698	143.237	.02444	40.9174	.04191	23.8593	.05941	16.8319	36
25	.00727	137.507	.02473	40.4358	.04220	23.6945	.05970	16.7496	35
26	.00756	132.219	.02502	39.9655	.04250	23.5321	.05999	16.6681	34
27	.00785	127.321	.02531	39.5059	.04279	23.3718	.06029	16.5874	33
28	.00815	122.774	.02560	39.0568	.04308	23.2137	.06058	16.5075	32
29	.00844	118.540	.02589	38.6177	.04337	23.0577	.06087	16.4283	31
30	.00873	114.589	.02619	38.1885	.04366	22.9038	.06116	16.3499	30
31	.00902	110.892	.02648	37.7686	.04395	22.7519	.06145	16.2722	29
32	.00931	107.426	.02677	37.3579	.04424	22.6020	.06175	16.1952	28
33	.00960	104.171	.02706	36.9560	.04454	22.4541	.06204	16.1190	27
34	.00989	101.107	.02735	36.5627	.04483	22.3081	.06233	16.0435	26
35	.01018	98.2179	.02764	36.1776	.04512	22.1640	.06262	15.9687	25
36	.01047	95.4895	.02793	35.8006	.04541	22.0217	.06291	15.8945	24
37	.01076	92.9085	.02822	35.4313	.04570	21.8813	.06321	15.8211	23
38	.01105	90.4633	.02851	35.0695	.04599	21.7426	.06350	15.7483	22
39	.01135	88.1436	.02881	34.7151	.04628	21.6056	.06379	15.6762	21
40	.01164	85.9398	.02910	34.3678	.04658	21.4704	.06408	15.6048	20
41	.01193	83.8435	.02939	34.0273	.04687	21.3369	.06437	15.5340	19
42	.01222	81.8470	.02968	33.6935	.04716	21.2049	.06467	15.4638	18
43	.01251	79.9434	.02997	33.3662	.04745	21.0747	.06496	15.3943	17
44	.01280	78.1263	.03026	33.0452	.04774	20.9460	.06525	15.3254	16
45	.01309	76.3900	.03055	32.7303	.04803	20.8188	.06554	15.2571	15
46	.01338	74.7292	.03084	32.4213	.04833	20.6932	.06584	15.1893	14
47	.01367	73.1390	.03114	32.1181	.04862	20.5691	.06613	15.1222	13
48	.01396	71.6151	.03143	31.8205	.04891	20.4465	.06642	15.0557	12
49	.01425	70.1533	.03172	31.5284	.04920	20.3253	.06671	14.9898	11
50	.01455	68.7501	.03201	31.2416	.04949	20.2056	.06700	14.9244	10
51	.01484	67.4019	.03230	30.9599	.04978	20.0872	.06730	14.8596	9
52	.01513	66.1055	.03259	30.6833	.05007	19.9702	.06759	14.7954	8
53	.01542	64.8580	.03288	30.4116	.05037	19.8546	.06788	14.7317	7
54	.01571	63.6567	.03317	30.1446	.05066	19.7403	.06817	14.6685	6
55	.01600	62.4992	.03346	29.8823	.05095	19.6273	.06847	14.6059	5
56	.01629	61.3829	.03376	29.6245	.05124	19.5156	.06876	14.5438	4
57	.01658	60.3058	.03405	29.3711	.05153	19.4051	.06905	14.4823	3
58	.01687	59.2659	.03434	29.1220	.05182	19.2959	.06934	14.4212	2
59	.01716	58.2612	.03463	28.8771	.05212	19.1879	.06963	14.3607	1
60	.01746	57.2900	.03492	28.6363	.05241	19.0811	.06993	14.3007	0
′	Cotang	Tang	Cotang	Tang	Cotang	Tang	Cotang	Tang	′
	89°		88°		87°		86°		

NATURAL TANGENTS AND COTANGENTS.

′	4° Tang	4° Cotang	5° Tang	5° Cotang	6° Tang	6° Cotang	7° Tang	7° Cotang	′
0	.06993	14.3007	.08749	11.4301	.10510	9.51436	.12278	8.14435	60
1	.07022	14.2411	.08778	11.3919	.10540	9.48781	.12308	8.12481	59
2	.07051	14.1821	.08807	11.3540	.10569	9.46141	.12338	8.10536	58
3	.07080	14.1235	.08837	11.3163	.10599	9.43515	.12367	8.08600	57
4	.07110	14.0655	.08866	11.2789	.10628	9.40904	.12397	8.06674	56
5	.07139	14.0079	.08895	11.2417	.10657	9.38307	.12426	8.04756	55
6	.07168	13.9507	.08925	11.2048	.10687	9.35724	.12456	8.02848	54
7	.07197	13.8940	.08954	11.1681	.10716	9.33155	.12485	8.00948	53
8	.07227	13.8378	.08983	11.1316	.10746	9.30599	.12515	7.99058	52
9	.07256	13.7821	.09013	11.0954	.10775	9.28058	.12544	7.97176	51
10	.07285	13.7267	.09042	11.0594	.10805	9.25530	.12574	7.95302	50
11	.07314	13.6719	.09071	11.0237	.10834	9.23016	.12603	7.93438	49
12	.07344	13.6174	.09101	10.9882	.10863	9.20516	.12633	7.91582	48
13	.07373	13.5634	.09130	10.9529	.10893	9.18028	.12662	7.89734	47
14	.07402	13.5098	.09159	10.9178	.10922	9.15554	.12692	7.87895	46
15	.07431	13.4566	.09189	10.8829	.10952	9.13093	.12722	7.86064	45
16	.07461	13.4039	.09218	10.8483	.10981	9.10646	.12751	7.84242	44
17	.07490	13.3515	.09247	10.8139	.11011	9.08211	.12781	7.82428	43
18	.07519	13.2996	.09277	10.7797	.11040	9.05789	.12810	7.80622	42
19	.07548	13.2480	.09306	10.7457	.11070	9.03379	.12840	7.78825	41
20	.07578	13.1969	.09335	10.7119	.11099	9.00983	.12869	7.77035	40
21	.07607	13.1461	.09365	10.6783	.11128	8.98598	.12899	7.75254	39
22	.07636	13.0958	.09394	10.6450	.11158	8.96227	.12929	7.73480	38
23	.07665	13.0458	.09423	10.6118	.11187	8.93867	.12958	7.71715	37
24	.07695	12.9962	.09453	10.5789	.11217	8.91520	.12988	7.69957	36
25	.07724	12.9469	.09482	10.5462	.11246	8.89185	.13017	7.68208	35
26	.07753	12.8981	.09511	10.5136	.11276	8.86862	.13047	7.66466	34
27	.07782	12.8496	.09541	10.4813	.11305	8.84551	.13076	7.64732	33
28	.07812	12.8014	.09570	10.4491	.11335	8.82252	.13106	7.63005	32
29	.07841	12.7536	.09600	10.4172	.11364	8.79964	.13136	7.61287	31
30	.07870	12.7062	.09629	10.3854	.11394	8.77689	.13165	7.59575	30
31	.07899	12.6591	.09658	10.3538	.11423	8.75425	.13195	7.57872	29
32	.07929	12.6124	.09688	10.3224	.11452	8.73172	.13224	7.56176	28
33	.07958	12.5660	.09717	10.2913	.11482	8.70931	.13254	7.54487	27
34	.07987	12.5199	.09746	10.2602	.11511	8.68701	.13284	7.52806	26
35	.08017	12.4742	.09776	10.2294	.11541	8.66482	.13313	7.51132	25
36	.08046	12.4288	.09805	10.1988	.11570	8.64275	.13343	7.49465	24
37	.08075	12.3838	.09834	10.1683	.11600	8.62078	.13372	7.47806	23
38	.08104	12.3390	.09864	10.1381	.11629	8.59893	.13402	7.46154	22
39	.08134	12.2946	.09893	10.1080	.11659	8.57718	.13432	7.44509	21
40	.08163	12.2505	.09923	10.0780	.11688	8.55555	.13461	7.42871	20
41	.08192	12.2067	.09952	10.0483	.11718	8.53402	.13491	7.41240	19
42	.08221	12.1632	.09981	10.0187	.11747	8.51259	.13521	7.39616	18
43	.08251	12.1201	.10011	9.98931	.11777	8.49128	.13550	7.37999	17
44	.08280	12.0772	.10040	9.96007	.11806	8.47007	.13580	7.36389	16
45	.08309	12.0346	.10069	9.93101	.11836	8.44896	.13609	7.34786	15
46	.08339	11.9923	.10099	9.90211	.11865	8.42795	.13639	7.33190	14
47	.08368	11.9504	.10128	9.87338	.11895	8.40705	.13669	7.31600	13
48	.08397	11.9087	.10158	9.84482	.11924	8.38625	.13698	7.30018	12
49	.08427	11.8673	.10187	9.81641	.11954	8.36555	.13728	7.28442	11
50	.08456	11.8262	.10216	9.78817	.11983	8.34496	.13758	7.26873	10
51	.08485	11.7853	.10246	9.76009	.12013	8.32446	.13787	7.25310	9
52	.08514	11.7448	.10275	9.73217	.12042	8.30406	.13817	7.23754	8
53	.08544	11.7045	.10305	9.70441	.12072	8.28376	.13846	7.22204	7
54	.08573	11.6645	.10334	9.67680	.12101	8.26355	.13876	7.20661	6
55	.08602	11.6248	.10363	9.64935	.12131	8.24345	.13906	7.19125	5
56	.08632	11.5853	.10393	9.62205	.12160	8.22344	.13935	7.17594	4
57	.08661	11.5461	.10422	9.59490	.12190	8.20352	.13965	7.16071	3
58	.08690	11.5072	.10452	9.56791	.12219	8.18370	.13995	7.14553	2
59	.08720	11.4685	.10481	9.54106	.12249	8.16398	.14024	7.13042	1
60	.08749	11.4301	.10510	9.51436	.12278	8.14435	.14054	7.11537	0
′	Cotang	Tang	Cotang	Tang	Cotang	Tang	Cotang	Tang	′
	85°		84°		83°		82°		

NATURAL TANGENTS AND COTANGENTS.

′	8° Tang	8° Cotang	9° Tang	9° Cotang	10° Tang	10° Cotang	11° Tang	11° Cotang	′
0	.14054	7.11537	.15838	6.31375	.17633	5.67128	.19438	5.14455	60
1	.14084	7.10038	.15868	6.30189	.17663	5.66165	.19468	5.13658	59
2	.14113	7.08546	.15898	6.29007	.17693	5.65205	.19498	5.12862	58
3	.14143	7.07059	.15928	6.27829	.17723	5.64248	.19529	5.12069	57
4	.14173	7.05579	.15958	6.26655	.17753	5.63295	.19559	5.11279	56
5	.14202	7.04105	.15988	6.25486	.17783	5.62344	.19589	5.10490	55
6	.14232	7.02637	.16017	6.24321	.17813	5.61397	.19619	5.09704	54
7	.14262	6.91174	.16047	6.23160	.17843	5.60452	.19649	5.08921	53
8	.14291	6.99718	.16077	6.22003	.17873	5.59511	.19680	5.08139	52
9	.14321	6.98268	.16107	6.20851	.17903	5.58573	.19710	5.07360	51
10	.14351	6.96823	.16137	6.19703	.17933	5.57638	.19740	5.06584	50
11	.14381	6.95385	.16167	6.18559	.17963	5.56706	.19770	5.05809	49
12	.14410	6.93952	.16196	6.17419	.17993	5.55777	.19801	5.05037	48
13	.14440	6.92525	.16226	6.16283	.18023	5.54851	.19831	5.04267	47
14	.14470	6.91104	.16256	6.15151	.18053	5.53927	.19861	5.03499	46
15	.14499	6.89688	.16286	6.14023	.18083	5.53007	.19891	5.02734	45
16	.14529	6.88278	.16316	6.12899	.18113	5.52090	.19921	5.01971	44
17	.14559	6.86874	.16346	6.11779	.18143	5.51176	.19952	5.01210	43
18	.14588	6.85475	.16376	6.10664	.18173	5.50264	.19982	5.00451	42
19	.14618	6.84082	.16405	6.09552	.18203	5.49356	.20012	4.99695	41
20	.14648	6.82694	.16435	6.08444	.18233	5.48451	.20042	4.98940	40
21	.14678	6.81312	.16465	6.07340	.18263	5.47548	.20073	4.98188	39
22	.14707	6.79936	.16495	6.06240	.18293	5.46648	.20103	4.97438	38
23	.14737	6.78564	.16525	6.05143	.18323	5.45751	.20133	4.96690	37
24	.14767	6.77199	.16555	6.04051	.18353	5.44857	.20164	4.95945	36
25	.14796	6.75838	.16585	6.02962	.18384	5.43966	.20194	4.95201	35
26	.14826	6.74483	.16615	6.01878	.18414	5.43077	.20224	4.94460	34
27	.14856	6.73133	.16645	6.00797	.18444	5.42192	.20254	4.93721	33
28	.14886	6.71789	.16674	5.99720	.18474	5.41309	.20285	4.92984	32
29	.14915	6.70450	.16704	5.98646	.18504	5.40429	.20315	4.92249	31
30	.14945	6.69116	.16734	5.97576	.18534	5.39552	.20345	4.91516	30
31	.14975	6.67787	.16764	5.96510	.18564	5.38677	.20376	4.90785	29
32	.15005	6.66463	.16794	5.95448	.18594	5.37805	.20406	4.90056	28
33	.15034	6.65144	.16824	5.94390	.18624	5.36936	.20436	4.89330	27
34	.15064	6.63831	.16854	5.93335	.18654	5.36070	.20466	4.88605	26
35	.15094	6.62523	.16884	5.92283	.18684	5.35206	.20497	4.87882	25
36	.15124	6.61219	.16914	5.91236	.18714	5.34345	.20527	4.87162	24
37	.15153	6.59921	.16944	5.90191	.18745	5.33487	.20557	4.86444	23
38	.15183	6.58627	.16974	5.89151	.18775	5.32631	.20588	4.85727	22
39	.15213	6.57339	.17004	5.88114	.18805	5.31778	.20618	4.85013	21
40	.15243	6.56055	.17033	5.87080	.18835	5.30928	.20648	4.84300	20
41	.15272	6.54777	.17063	5.86051	.18865	5.30080	.20679	4.83590	19
42	.15302	6.53503	.17093	5.85024	.18895	5.29235	.20709	4.82882	18
43	.15332	6.52234	.17123	5.84001	.18925	5.28393	.20739	4.82175	17
44	.15362	6.50970	.17153	5.82982	.18955	5.27553	.20770	4.81471	16
45	.15391	6.49710	.17183	5.81966	.18986	5.26715	.20800	4.80769	15
46	.15421	6.48456	.17213	5.80953	.19016	5.25880	.20830	4.80068	14
47	.15451	6.47206	.17243	5.79944	.19046	5.25048	.20861	4.79370	13
48	.15481	6.45961	.17273	5.78938	.19076	5.24218	.20891	4.78673	12
49	.15511	6.44720	.17303	5.77936	.19106	5.23391	.20921	4.77978	11
50	.15540	6.43484	.17333	5.76937	.19136	5.22566	.20952	4.77286	10
51	.15570	6.42253	.17363	5.75941	.19166	5.21744	.20982	4.76595	9
52	.15600	6.41026	.17393	5.74949	.19197	5.20925	.21013	4.75906	8
53	.15630	6.39804	.17423	5.73960	.19227	5.20107	.21043	4.75219	7
54	.15660	6.38587	.17453	5.72974	.19257	5.19293	.21073	4.74534	6
55	.15689	6.37374	.17483	5.71992	.19287	5.18480	.21104	4.73851	5
56	.15719	6.36165	.17513	5.71013	.19317	5.17671	.21134	4.73170	4
57	.15749	6.34961	.17543	5.70037	.19347	5.16863	.21164	4.72490	3
58	.15779	6.33761	.17573	5.69064	.19378	5.16058	.21195	4.71813	2
59	.15809	6.32566	.17603	5.68094	.19408	5.15256	.21225	4.71137	1
60	.15838	6.31375	.17633	5.67128	.19438	5.14455	.21256	4.70463	0
′	Cotang	Tang	Cotang	Tang	Cotang	Tang	Cotang	Tang	′
	81°		80°		79°		78°		

NATURAL TANGENTS AND COTANGENTS.

′	12°		13°		14°		15°		′
	Tang	Cotang	Tang	Cotang	Tang	Cotang	Tang	Cotang	
0	.21256	4.70463	.23087	4.33148	.24933	4.01078	.26795	3.73205	60
1	.21286	4.69791	.23117	4.32573	.24964	4.00582	.26826	3.72771	59
2	.21316	4.69121	.23148	4.32001	.24995	4.00086	.26857	3.72338	58
3	.21347	4.68452	.23179	4.31430	.25026	3.99592	.26888	3.71907	57
4	.21377	4.67786	.23209	4.30860	.25056	3.99099	.26920	3.71476	56
5	.21408	4.67121	.23240	4.30291	.25087	3.98607	.26951	3.71046	55
6	.21438	4.66458	.23271	4.29724	.25118	3.98117	.26982	3.70616	54
7	.21469	4.65797	.23301	4.29159	.25149	3.97627	.27013	3.70188	53
8	.21499	4.65138	.23332	4.28595	.25180	3.97139	.27044	3.69761	52
9	.21529	4.64480	.23363	4.28032	.25211	3.96651	.27076	3.69335	51
10	.21560	4.63825	.23393	4.27471	.25242	3.96165	.27107	3.68909	50
11	.21590	4.63171	.23424	4.26911	.25273	3.95680	.27138	3.68485	49
12	.21621	4.62518	.23455	4.26352	.25304	3.95196	.27169	3.68061	48
13	.21651	4.61868	.23485	4.25795	.25335	3.94713	.27201	3.67638	47
14	.21682	4.61219	.23516	4.25239	.25366	3.94232	.27232	3.67217	46
15	.21712	4.60572	.23547	4.24685	.25397	3.93751	.27263	3.66796	45
16	.21743	4.59927	.23578	4.24132	.25428	3.93271	.27294	3.66376	44
17	.21773	4.59283	.23608	4.23580	.25459	3.92793	.27326	3.65957	43
18	.21804	4.58641	.23639	4.23030	.25490	3.92316	.27357	3.65538	42
19	.21834	4.58001	.23670	4.22481	.25521	3.91839	.27388	3.65121	41
20	.21864	4.57363	.23700	4.21933	.25552	3.91364	.27419	3.64705	40
21	.21895	4.56726	.23731	4.21387	.25583	3.90890	.27451	3.64289	39
22	.21925	4.56091	.23762	4.20842	.25614	3.90417	.27482	3.63874	38
23	.21956	4.55458	.23793	4.20298	.25645	3.89945	.27513	3.63461	37
24	.21986	4.54826	.23823	4.19756	.25676	3.89474	.27545	3.63048	36
25	.22017	4.54196	.23854	4.19215	.25707	3.89004	.27576	3.62636	35
26	.22047	4.53568	.23885	4.18675	.25738	3.88536	.27607	3.62224	34
27	.22078	4.52941	.23916	4.18137	.25769	3.88068	.27638	3.61814	33
28	.22108	4.52316	.23946	4.17600	.25800	3.87601	.27670	3.61405	32
29	.22139	4.51693	.23977	4.17064	.25831	3.87136	.27701	3.60996	31
30	.22169	4.51071	.24008	4.16530	.25862	3.86671	.27732	3.60588	30
31	.22200	4.50451	.24039	4.15997	.25893	3.86208	.27764	3.60181	29
32	.22231	4.49832	.24069	4.15465	.25924	3.85745	.27795	3.59775	28
33	.22261	4.49215	.24100	4.14934	.25955	3.85284	.27826	3.59370	27
34	.22292	4.48600	.24131	4.14405	.25986	3.84824	.27858	3.58966	26
35	.22322	4.47986	.24162	4.13877	.26017	3.84364	.27889	3.58562	25
36	.22353	4.47374	.24193	4.13350	.26048	3.83906	.27921	3.58160	24
37	.22383	4.46764	.24223	4.12825	.26079	3.83449	.27952	3.57758	23
38	.22414	4.46155	.24254	4.12301	.26110	3.82992	.27983	3.57357	22
39	.22444	4.45548	.24285	4.11778	.26141	3.82537	.28015	3.56957	21
40	.22475	4.44942	.24316	4.11256	.26172	3.82083	.28046	3.56557	20
41	.22505	4.44338	.24347	4.10736	.26203	3.81630	.28077	3.56159	19
42	.22536	4.43735	.24377	4.10216	.26235	3.81177	.28109	3.55761	18
43	.22567	4.43134	.24408	4.09699	.26266	3.80726	.28140	3.55364	17
44	.22597	4.42534	.24439	4.09182	.26297	3.80276	.28172	3.54968	16
45	.22628	4.41936	.24470	4.08666	.26328	3.79827	.28203	3.54573	15
46	.22658	4.41340	.24501	4.08152	.26359	3.79378	.28234	3.54179	14
47	.22689	4.40745	.24532	4.07639	.26390	3.78931	.28266	3.53785	13
48	.22719	4.40152	.24562	4.07127	.26421	3.78485	.28297	3.53393	12
49	.22750	4.39560	.24593	4.06616	.26452	3.78040	.28329	3.53001	11
50	.22781	4.38969	.24624	4.06107	.26483	3.77595	.28360	3.52609	10
51	.22811	4.38381	.24655	4.05599	.26515	3.77152	.28391	3.52219	9
52	.22842	4.37793	.24686	4.05092	.26546	3.76709	.28423	3.51829	8
53	.22872	4.37207	.24717	4.04586	.26577	3.76268	.28454	3.51441	7
54	.22903	4.36623	.24747	4.04081	.26608	3.75828	.28486	3.51053	6
55	.22934	4.36040	.24778	4.03578	.26639	3.75388	.28517	3.50666	5
56	.22964	4.35459	.24809	4.03076	.26670	3.74950	.28549	3.50279	4
57	.22995	4.34879	.24840	4.02574	.26701	3.74512	.28580	3.49894	3
58	.23026	4.34300	.24871	4.02074	.26733	3.74075	.28612	3.49509	2
59	.23056	4.33723	.24902	4.01576	.26764	3.73640	.28643	3.49125	1
60	.23087	4.33148	.24933	4.01078	.26795	3.73205	.28675	3.48741	0
	Cotang	Tang	Cotang	Tang	Cotang	Tang	Cotang	Tang	
′	77°		76°		75°		74°		′

NATURAL TANGENTS AND COTANGENTS.

′	16° Tang	16° Cotang	17° Tang	17° Cotang	18° Tang	18° Cotang	19° Tang	19° Cotang	′
0	.28675	3.48741	.30573	3.27085	.32492	3.07768	.34433	2.90421	60
1	.28706	3.48359	.30605	3.26745	.32524	3.07464	.34465	2.90147	59
2	.28738	3.47977	.30637	3.26406	.32556	3.07160	.34498	2.89873	58
3	.28769	3.47596	.30669	3.26067	.32588	3.06857	.34530	2.89600	57
4	.28800	3.47216	.30700	3.25729	.32621	3.06554	.34563	2.89327	56
5	.28832	3.46837	.30732	3.25392	.32653	3.06252	.34596	2.89055	55
6	.28864	3.46458	.30764	3.25055	.32685	3.05950	.34628	2.88783	54
7	.28895	3.46080	.30796	3.24719	.32717	3.05649	.34661	2.88511	53
8	.28927	3.45703	.30828	3.24383	.32749	3.05349	.34693	2.88240	52
9	.28958	3.45327	.30860	3.24049	.32782	3.05049	.34726	2.87970	51
10	.28990	3.44951	.30891	3.23714	.32814	3.04749	.34758	2.87700	50
11	.29021	3.44576	.30923	3.23381	.32846	3.04450	.34791	2.87430	49
12	.29053	3.44202	.30955	3.23048	.32878	3.04152	.34824	2.87161	48
13	.29084	3.43829	.30987	3.22715	.32911	3.03854	.34856	2.86892	47
14	.29116	3.43456	.31019	3.22384	.32943	3.03556	.34889	2.86624	46
15	.29147	3.43084	.31051	3.22053	.32975	3.03260	.34922	2.86356	45
16	.29179	3.42713	.31083	3.21722	.33007	3.02963	.34954	2.86089	44
17	.29210	3.42343	.31115	3.21392	.33040	3.02667	.34987	2.85822	43
18	.29242	3.41973	.31147	3.21063	.33072	3.02372	.35020	2.85555	42
19	.29274	3.41604	.31178	3.20734	.33104	3.02077	.35052	2.85289	41
20	.29305	3.41236	.31210	3.20406	.33136	3.01783	.35085	2.85023	40
21	.29337	3.40869	.31242	3.20079	.33169	3.01489	.35118	2.84758	39
22	.29368	3.40502	.31274	3.19752	.33201	3.01196	.35150	2.84494	38
23	.29400	3.40136	.31306	3.19426	.33233	3.00903	.35183	2.84229	37
24	.29432	3.39771	.31338	3.19100	.33266	3.00611	.35216	2.83965	36
25	.29463	3.39406	.31370	3.18775	.33298	3.00319	.35248	2.83702	35
26	.29495	3.39042	.31402	3.18451	.33330	3.00028	.35281	2.83439	34
27	.29526	3.38679	.31434	3.18127	.33363	2.99738	.35314	2.83176	33
28	.29558	3.38317	.31466	3.17804	.33395	2.99447	.35346	2.82914	32
29	.29590	3.37955	.31498	3.17481	.33427	2.99158	.35379	2.82653	31
30	.29621	3.37594	.31530	3.17159	.33460	2.98868	.35412	2.82391	30
31	.29653	3.37234	.31562	3.16838	.33492	2.98580	.35445	2.82130	29
32	.29685	3.36875	.31594	3.16517	.33524	2.98292	.35477	2.81870	28
33	.29716	3.36516	.31626	3.16197	.33557	2.98004	.35510	2.81610	27
34	.29748	3.36158	.31658	3.15877	.33589	2.97717	.35543	2.81350	26
35	.29780	3.35800	.31690	3.15558	.33621	2.97430	.35576	2.81091	25
36	.29811	3.35443	.31722	3.15240	.33654	2.97144	.35608	2.80833	24
37	.29843	3.35087	.31754	3.14922	.33686	2.96858	.35641	2.80574	23
38	.29875	3.34732	.31786	3.14605	.33718	2.96573	.35674	2.80316	22
39	.29906	3.34377	.31818	3.14288	.33751	2.96288	.35707	2.80059	21
40	.29938	3.34023	.31850	3.13972	.33783	2.96004	.35740	2.79802	20
41	.29970	3.33670	.31882	3.13656	.33816	2.95721	.35772	2.79545	19
42	.30001	3.33317	.31914	3.13341	.33848	2.95437	.35805	2.79289	18
43	.30033	3.32965	.31946	3.13027	.33881	2.95155	.35838	2.79033	17
44	.30065	3.32614	.31978	3.12713	.33913	2.94872	.35871	2.78778	16
45	.30097	3.32264	.32010	3.12400	.33945	2.94591	.35904	2.78523	15
46	.30128	3.31914	.32042	3.12087	.33978	2.94309	.35937	2.78269	14
47	.30160	3.31565	.32074	3.11775	.34010	2.94028	.35969	2.78014	13
48	.30192	3.31216	.32106	3.11464	.34043	2.93748	.36002	2.77761	12
49	.30224	3.30868	.32139	3.11153	.34075	2.93468	.36035	2.77507	11
50	.30255	3.30521	.32171	3.10842	.34108	2.93189	.36068	2.77254	10
51	.30287	3.30174	.32203	3.10532	.34140	2.92910	.36101	2.77002	9
52	.30319	3.29829	.32235	3.10223	.34173	2.92632	.36134	2.76750	8
53	.30351	3.29483	.32267	3.09914	.34205	2.92354	.36167	2.76498	7
54	.30382	3.29139	.32299	3.09606	.34238	2.92076	.36199	2.76247	6
55	.30414	3.28795	.32331	3.09298	.34270	2.91799	.36232	2.75996	5
56	.30446	3.28452	.32363	3.08991	.34303	2.91523	.36265	2.75746	4
57	.30478	3.28109	.32396	3.08685	.34335	2.91246	.36298	2.75496	3
58	.30509	3.27767	.32428	3.08379	.34368	2.90971	.36331	2.75246	2
59	.30541	3.27426	.32460	3.08073	.34400	2.90696	.36364	2.74997	1
60	.30573	3.27085	.32492	3.07768	.34433	2.90421	.36397	2.74748	0
′	Cotang	Tang	Cotang	Tang	Cotang	Tang	Cotang	Tang	′
	73°		72°		71°		70°		

NATURAL TANGENTS AND COTANGENTS.

′	20° Tang	20° Cotang	21° Tang	21° Cotang	22° Tang	22° Cotang	23° Tang	23° Cotang	′
0	.36397	2.74748	.38386	2.60509	.40403	2.47509	.42447	2.35585	60
1	.36430	2.74499	.38420	2.60283	.40436	2.47302	.42482	2.35395	59
2	.36463	2.74251	.38453	2.60057	.40470	2.47095	.42516	2.35205	58
3	.36496	2.74004	.38487	2.59831	.40504	2.46888	.42551	2.35015	57
4	.36529	2.73756	.38520	2.59606	.40538	2.46682	.42585	2.34825	56
5	.36562	2.73509	.38553	2.59381	.40572	2.46476	.42619	2.34636	55
6	.36595	2.73263	.38587	2.59156	.40606	2.46270	.42654	2.34447	54
7	.36628	2.73017	.38620	2.58932	.40640	2.46065	.42688	2.34258	53
8	.36661	2.72771	.38654	2.58708	.40674	2.45860	.42722	2.34069	52
9	.36694	2.72526	.38687	2.58484	.40707	2.45655	.42757	2.33881	51
10	.36727	2.72281	.38721	2.58261	.40741	2.45451	.42791	2.33693	50
11	.36760	2.72036	.38754	2.58038	.40775	2.45246	.42826	2.33505	49
12	.36793	2.71792	.38787	2.57815	.40809	2.45043	.42860	2.33317	48
13	.36826	2.71548	.38821	2.57593	.40843	2.44839	.42894	2.33130	47
14	.36859	2.71305	.38854	2.57371	.40877	2.44636	.42929	2.32943	46
15	.36892	2.71062	.38888	2.57150	.40911	2.44433	.42963	2.32756	45
16	.36925	2.70819	.38921	2.56928	.40945	2.44230	.42998	2.32570	44
17	.36958	2.70577	.38955	2.56707	.40979	2.44027	.43032	2.32383	43
18	.36991	2.70335	.38988	2.56487	.41013	2.43825	.43067	2.32197	42
19	.37024	2.70094	.39022	2.56266	.41047	2.43623	.43101	2.32012	41
20	.37057	2.69853	.39055	2.56046	.41081	2.43422	.43136	2.31826	40
21	.37090	2.69612	.39089	2.55827	.41115	2.43220	.43170	2.31641	39
22	.37123	2.69371	.39122	2.55608	.41149	2.43019	.43205	2.31456	38
23	.37157	2.69131	.39156	2.55389	.41183	2.42819	.43239	2.31271	37
24	.37190	2.68892	.39190	2.55170	.41217	2.42618	.43274	2.31086	36
25	.37223	2.68653	.39223	2.54952	.41251	2.42418	.43308	2.30902	35
26	.37256	2.68414	.39257	2.54734	.41285	2.42218	.43343	2.30718	34
27	.37289	2.68175	.39290	2.54516	.41319	2.42019	.43378	2.30534	33
28	.37322	2.67937	.39324	2.54299	.41353	2.41819	.43412	2.30351	32
29	.37355	2.67700	.39357	2.54082	.41387	2.41620	.43447	2.30167	31
30	.37388	2.67462	.39391	2.53865	.41421	2.41421	.43481	2.29984	30
31	.37422	2.67225	.39425	2.53648	.41455	2.41223	.43516	2.29801	29
32	.37455	2.66989	.39458	2.53432	.41490	2.41025	.43550	2.29619	28
33	.37488	2.66752	.39492	2.53217	.41524	2.40827	.43585	2.29437	27
34	.37521	2.66516	.39526	2.53001	.41558	2.40629	.43620	2.29254	26
35	.37554	2.66281	.39559	2.52786	.41592	2.40432	.43654	2.29073	25
36	.37588	2.66046	.39593	2.52571	.41626	2.40235	.43689	2.28891	24
37	.37621	2.65811	.39626	2.52357	.41660	2.40038	.43724	2.28710	23
38	.37654	2.65576	.39660	2.52142	.41694	2.39841	.43758	2.28528	22
39	.37687	2.65342	.39694	2.51929	.41728	2.39645	.43793	2.28348	21
40	.37720	2.65109	.39727	2.51715	.41763	2.39449	.43828	2.28167	20
41	.37754	2.64875	.39761	2.51502	.41797	2.39253	.43862	2.27987	19
42	.37787	2.64642	.39795	2.51289	.41831	2.39058	.43897	2.27806	18
43	.37820	2.64410	.39829	2.51076	.41865	2.38863	.43932	2.27626	17
44	.37853	2.64177	.39862	2.50864	.41899	2.38668	.43966	2.27447	16
45	.37887	2.63945	.39896	2.50652	.41933	2.38473	.44001	2.27267	15
46	.37920	2.63714	.39930	2.50440	.41968	2.38279	.44036	2.27088	14
47	.37953	2.63483	.39963	2.50229	.42002	2.38084	.44071	2.26909	13
48	.37986	2.63252	.39997	2.50018	.42036	2.37891	.44105	2.26730	12
49	.38020	2.63021	.40031	2.49807	.42070	2.37697	.44140	2.26552	11
50	.38053	2.62791	.40065	2.49597	.42105	2.37504	.44175	2.26374	10
51	.38086	2.62561	.40098	2.49386	.42139	2.37311	.44210	2.26196	9
52	.38120	2.62332	.40132	2.49177	.42173	2.37118	.44244	2.26018	8
53	.38153	2.62103	.40166	2.48967	.42207	2.36925	.44279	2.25840	7
54	.38186	2.61874	.40200	2.48758	.42242	2.36733	.44314	2.25663	6
55	.38220	2.61646	.40234	2.48549	.42276	2.36541	.44349	2.25486	5
56	.38253	2.61418	.40267	2.48340	.42310	2.36349	.44384	2.25309	4
57	.38286	2.61190	.40301	2.48132	.42345	2.36158	.44418	2.25132	3
58	.38320	2.60963	.40335	2.47924	.42379	2.35967	.44453	2.24956	2
59	.38353	2.60736	.40369	2.47716	.42413	2.35776	.44488	2.24780	1
60	.38386	2.60509	.40403	2.47509	.42447	2.35585	.44523	2.24604	0
′	Cotang	Tang	Cotang	Tang	Cotang	Tang	Cotang	Tang	′
	69°		68°		67°		66°		

NATURAL TANGENTS AND COTANGENTS.

′	24° Tang	24° Cotang	25° Tang	25° Cotang	26° Tang	26° Cotang	27° Tang	27° Cotang	′
0	.44523	2.24604	.46631	2.14451	.48773	2.05030	.50953	1.96261	60
1	.44558	2.24428	.46666	2.14288	.48809	2.04879	.50989	1.96120	59
2	.44593	2.24252	.46702	2.14125	.48845	2.04728	.51026	1.95979	58
3	.44627	2.24077	.46737	2.13963	.48881	2.04577	.51063	1.95838	57
4	.44662	2.23902	.46772	2.13801	.48917	2.04426	.51099	1.95698	56
5	.44697	2.23727	.46808	2.13639	.48953	2.04276	.51136	1.95557	55
6	.44732	2.23553	.46843	2.13477	.48989	2.04125	.51173	1.95417	54
7	.44767	2.23378	.46879	2.13316	.49026	2.03975	.51209	1.95277	53
8	.44802	2.23204	.46914	2.13154	.49062	2.03825	.51246	1.95137	52
9	.44837	2.23030	.46950	2.12993	.49098	2.03675	.51283	1.94997	51
10	.44872	2.22857	.46985	2.12832	.49134	2.03526	.51319	1.94858	50
11	.44907	2.22683	.47021	2.12671	.49170	2.03376	.51356	1.94718	49
12	.44942	2.22510	.47056	2.12511	.49206	2.03227	.51393	1.94579	48
13	.44977	2.22337	.47092	2.12350	.49242	2.03078	.51430	1.94440	47
14	.45012	2.22164	.47128	2.12190	.49278	2.02929	.51467	1.94301	46
15	.45047	2.21992	.47163	2.12030	.49315	2.02780	.51503	1.94162	45
16	.45082	2.21819	.47199	2.11871	.49351	2.02631	.51540	1.94023	44
17	.45117	2.21647	.47234	2.11711	.49387	2.02483	.51577	1.93885	43
18	.45152	2.21475	.47270	2.11552	.49423	2.02335	.51614	1.93746	42
19	.45187	2.21304	.47305	2.11392	.49459	2.02187	.51651	1.93608	41
20	.45222	2.21132	.47341	2.11233	.49495	2.02039	.51688	1.93470	40
21	.45257	2.20961	.47377	2.11075	.49532	2.01891	.51724	1.93332	39
22	.45292	2.20790	.47412	2.10916	.49568	2.01743	.51761	1.93195	38
23	.45327	2.20619	.47448	2.10758	.49604	2.01596	.51798	1.93057	37
24	.45362	2.20449	.47483	2.10600	.49640	2.01449	.51835	1.92920	36
25	.45397	2.20278	.47519	2.10442	.49677	2.01302	.51872	1.92782	35
26	.45432	2.20108	.47555	2.10284	.49713	2.01155	.51909	1.92645	34
27	.45467	2.19938	.47590	2.10126	.49749	2.01008	.51946	1.92508	33
28	.45502	2.19769	.47626	2.09969	.49786	2.00862	.51983	1.92371	32
29	.45538	2.19599	.47662	2.09811	.49822	2.00715	.52020	1.92235	31
30	.45573	2.19430	.47698	2.09654	.49858	2.00569	.52057	1.92098	30
31	.45608	2.19261	.47733	2.09498	.49894	2.00423	.52094	1.91962	29
32	.45643	2.19092	.47769	2.09341	.49931	2.00277	.52131	1.91826	28
33	.45678	2.18923	.47805	2.09184	.49967	2.00131	.52168	1.91690	27
34	.45713	2.18755	.47840	2.09028	.50004	1.99986	.52205	1.91554	26
35	.45748	2.18587	.47876	2.08872	.50040	1.99841	.52242	1.91418	25
36	.45784	2.18419	.47912	2.08716	.50076	1.99695	.52279	1.91282	24
37	.45819	2.18251	.47948	2.08560	.50113	1.99550	.52316	1.91147	23
38	.45854	2.18084	.47984	2.08405	.50149	1.99406	.52353	1.91012	22
39	.45889	2.17916	.48019	2.08250	.50185	1.99261	.52390	1.90876	21
40	.45924	2.17749	.48055	2.08094	.50222	1.99116	.52427	1.90741	20
41	.45960	2.17582	.48091	2.07939	.50258	1.98972	.52464	1.90607	19
42	.45995	2.17416	.48127	2.07785	.50295	1.98828	.52501	1.90472	18
43	.46030	2.17249	.48163	2.07630	.50331	1.98684	.52538	1.90337	17
44	.46065	2.17083	.48198	2.07476	.50368	1.98540	.52575	1.90203	16
45	.46101	2.16917	.48234	2.07321	.50404	1.98396	.52613	1.90069	15
46	.46136	2.16751	.48270	2.07167	.50441	1.98253	.52650	1.89935	14
47	.46171	2.16585	.48306	2.07014	.50477	1.98110	.52687	1.89801	13
48	.46206	2.16420	.48342	2.06860	.50514	1.97966	.52724	1.89667	12
49	.46242	2.16255	.48378	2.06706	.50550	1.97823	.52761	1.89533	11
50	.46277	2.16090	.48414	2.06553	.50587	1.97681	.52798	1.89400	10
51	.46312	2.15925	.48450	2.06400	.50623	1.97538	.52836	1.89266	9
52	.46348	2.15760	.48486	2.06247	.50660	1.97395	.52873	1.89133	8
53	.46383	2.15596	.48521	2.06094	.50696	1.97253	.52910	1.89000	7
54	.46418	2.15432	.48557	2.05942	.50733	1.97111	.52947	1.88867	6
55	.46454	2.15268	.48593	2.05790	.50769	1.96969	.52985	1.88734	5

NATURAL TANGENTS AND COTANGENTS.

′	28° Tang	28° Cotang	29° Tang	29° Cotang	30° Tang	30° Cotang	31° Tang	31° Cotang	′
0	.53171	1.88073	.55431	1.80405	.57735	1.73205	.60086	1.66428	60
1	.53208	1.87941	.55469	1.80281	.57774	1.73089	.60126	1.66318	59
2	.53246	1.87809	.55507	1.80158	.57813	1.72973	.60165	1.66209	58
3	.53283	1.87677	.55545	1.80034	.57851	1.72857	.60205	1.66099	57
4	.53320	1.87546	.55583	1.79911	.57890	1.72741	.60245	1.65990	56
5	.53358	1.87415	.55621	1.79788	.57929	1.72625	.60284	1.65881	55
6	.53395	1.87283	.55659	1.79665	.57968	1.72509	.60324	1.65772	54
7	.53432	1.87152	.55697	1.79542	.58007	1.72393	.60364	1.65663	53
8	.53470	1.87021	.55736	1.79419	.58046	1.72278	.60403	1.65554	52
9	.53507	1.86891	.55774	1.79296	.58085	1.72163	.60443	1.65445	51
10	.53545	1.86760	.55812	1.79174	.58124	1.72047	.60483	1.65337	50
11	.53582	1.86630	.55850	1.79051	.58162	1.71932	.60522	1.65228	49
12	.53620	1.86499	.55888	1.78929	.58201	1.71817	.60562	1.65120	48
13	.53657	1.86369	.55926	1.78807	.58240	1.71702	.60602	1.65011	47
14	.53694	1.86239	.55964	1.78685	.58279	1.71588	.60642	1.64903	46
15	.53732	1.86109	.56003	1.78563	.58318	1.71473	.60681	1.64795	45
16	.53769	1.85979	.56041	1.78441	.58357	1.71358	.60721	1.64687	44
17	.53807	1.85850	.56079	1.78319	.58396	1.71244	.60761	1.64579	43
18	.53844	1.85720	.56117	1.78198	.58435	1.71129	.60801	1.64471	42
19	.53882	1.85591	.56156	1.78077	.58474	1.71015	.60841	1.64363	41
20	.53920	1.85462	.56194	1.77955	.58513	1.70901	.60881	1.64256	40
21	.53957	1.85333	.56232	1.77834	.58552	1.70787	.60921	1.64148	39
22	.53995	1.85204	.56270	1.77713	.58591	1.70673	.60960	1.64041	38
23	.54032	1.85075	.56309	1.77592	.58631	1.70560	.61000	1.63934	37
24	.54070	1.84946	.56347	1.77471	.58670	1.70446	.61040	1.63826	36
25	.54107	1.84818	.56385	1.77351	.58709	1.70332	.61080	1.63719	35
26	.54145	1.84689	.56424	1.77230	.58748	1.70219	.61120	1.63612	34
27	.54183	1.84561	.56462	1.77110	.58787	1.70106	.61160	1.63505	33
28	.54220	1.84433	.56501	1.76990	.58826	1.69992	.61200	1.63398	32
29	.54258	1.84305	.56539	1.76869	.58865	1.69879	.61240	1.63292	31
30	.54296	1.84177	.56577	1.76749	.58905	1.69766	.61280	1.63185	30
31	.54333	1.84049	.56616	1.76629	.58944	1.69653	.61320	1.63079	29
32	.54371	1.83922	.56654	1.76510	.58983	1.69541	.61360	1.62972	28
33	.54409	1.83794	.56693	1.76390	.59022	1.69428	.61400	1.62866	27
34	.54446	1.83667	.56731	1.76271	.59061	1.69316	.61440	1.62760	26
35	.54484	1.83540	.56769	1.76151	.59101	1.69203	.61480	1.62654	25
36	.54522	1.83413	.56808	1.76032	.59140	1.69091	.61520	1.62548	24
37	.54560	1.83286	.56846	1.75913	.59179	1.68979	.61561	1.62442	23
38	.54597	1.83159	.56885	1.75794	.59218	1.68866	.61601	1.62336	22
39	.54635	1.83033	.56923	1.75675	.59258	1.68754	.61641	1.62230	21
40	.54673	1.82906	.56962	1.75556	.59297	1.68643	.61681	1.62125	20
41	.54711	1.82780	.57000	1.75437	.59336	1.68531	.61721	1.62019	19
42	.54748	1.82654	.57039	1.75319	.59376	1.68419	.61761	1.61914	18
43	.54786	1.82528	.57078	1.75200	.59415	1.68308	.61801	1.61808	17
44	.54824	1.82402	.57116	1.75082	.59454	1.68196	.61842	1.61703	16
45	.54862	1.82276	.57155	1.74964	.59494	1.68085	.61882	1.61598	15
46	.54900	1.82150	.57193	1.74846	.59533	1.67974	.61922	1.61493	14
47	.54938	1.82025	.57232	1.74728	.59573	1.67863	.61962	1.61388	13
48	.54975	1.81899	.57271	1.74610	.59612	1.67752	.62003	1.61283	12
49	.55013	1.81774	.57309	1.74492	.59651	1.67641	.62043	1.61179	11
50	.55051	1.81649	.57348	1.74375	.59691	1.67530	.62083	1.61074	10
51	.55089	1.81524	.57386	1.74257	.59730	1.67419	.62124	1.60970	9
52	.55127	1.81399	.57425	1.74140	.59770	1.67309	.62164	1.60865	8
53	.55165	1.81274	.57464	1.74022	.59809	1.67198	.62204	1.60761	7
54	.55203	1.81150	.57503	1.73905	.59849	1.67088	.62245	1.60657	6
55	.55241	1.81025	.57541	1.73788	.59888	1.66978	.62285	1.60553	5
56	.55279	1.80901	.57580	1.73671	.59928	1.66867	.62325	1.60449	4
57	.55317	1.80777	.57619	1.73555	.59967	1.66757	.62366	1.60345	3
58	.55355	1.80653	.57657	1.73438	.60007	1.66647	.62406	1.60241	2
59	.55393	1.80529	.57696	1.73321	.60046	1.66538	.62446	1.60137	1
60	.55431	1.80405	.57735	1.73205	.60086	1.66428	.62487	1.60033	0
′	Cotang	Tang	Cotang	Tang	Cotang	Tang	Cotang	Tang	′
	61°		60°		59°		58°		

NATURAL TANGENTS AND COTANGENTS.

′	32° Tang	32° Cotang	33° Tang	33° Cotang	34° Tang	34° Cotang	35° Tang	35° Cotang	′
0	.62487	1.60033	.64941	1.53986	.67451	1.48256	.70021	1.42815	60
1	.62527	1.59930	.64982	1.53888	.67493	1.48163	.70064	1.42726	59
2	.62568	1.59826	.65024	1.53791	.67536	1.48070	.70107	1.42638	58
3	.62608	1.59723	.65065	1.53693	.67578	1.47977	.70151	1.42550	57
4	.62649	1.59620	.65106	1.53595	.67620	1.47885	.70194	1.42462	56
5	.62689	1.59517	.65148	1.53497	.67663	1.47792	.70238	1.42374	55
6	.62730	1.59414	.65189	1.53400	.67705	1.47699	.70281	1.42286	54
7	.62770	1.59311	.65231	1.53302	.67748	1.47607	.70325	1.42198	53
8	.62811	1.59208	.65272	1.53205	.67790	1.47514	.70368	1.42110	52
9	.62852	1.59105	.65314	1.53107	.67832	1.47422	.70412	1.42022	51
10	.62892	1.59002	.65355	1.53010	.67875	1.47330	.70455	1.41934	50
11	.62933	1.58900	.65397	1.52913	.67917	1.47238	.70499	1.41847	49
12	.62973	1.58797	.65438	1.52816	.67960	1.47146	.70542	1.41759	48
13	.63014	1.58695	.65480	1.52719	.68002	1.47053	.70586	1.41672	47
14	.63055	1.58593	.65521	1.52622	.68045	1.46962	.70629	1.41584	46
15	.63095	1.58490	.65563	1.52525	.68088	1.46870	.70673	1.41497	45
16	.63136	1.58388	.65604	1.52429	.68130	1.46778	.70717	1.41409	44
17	.63177	1.58286	.65646	1.52332	.68173	1.46686	.70760	1.41322	43
18	.63217	1.58184	.65688	1.52235	.68215	1.46595	.70804	1.41235	42
19	.63258	1.58083	.65729	1.52139	.68258	1.46503	.70848	1.41148	41
20	.63299	1.57981	.65771	1.52043	.68301	1.46411	.70891	1.41061	40
21	.63340	1.57879	.65813	1.51946	.68343	1.46320	.70935	1.40974	39
22	.63380	1.57778	.65854	1.51850	.68386	1.46229	.70979	1.40887	38
23	.63421	1.57676	.65896	1.51754	.68429	1.46137	.71023	1.40800	37
24	.63462	1.57575	.65938	1.51658	.68471	1.46046	.71066	1.40714	36
25	.63503	1.57474	.65980	1.51562	.68514	1.45955	.71110	1.40627	35
26	.63544	1.57372	.66021	1.51466	.68557	1.45864	.71154	1.40540	34
27	.63584	1.57271	.66063	1.51370	.68600	1.45773	.71198	1.40454	33
28	.63625	1.57170	.66105	1.51275	.68642	1.45682	.71242	1.40367	32
29	.63666	1.57069	.66147	1.51179	.68685	1.45592	.71285	1.40281	31
30	.63707	1.56969	.66189	1.51084	.68728	1.45501	.71329	1.40195	30
31	.63748	1.56868	.66230	1.50988	.68771	1.45410	.71373	1.40109	29
32	.63789	1.56767	.66272	1.50893	.68814	1.45320	.71417	1.40022	28
33	.63830	1.56667	.66314	1.50797	.68857	1.45229	.71461	1.39936	27
34	.63871	1.56566	.66356	1.50702	.68900	1.45139	.71505	1.39850	26
35	.63912	1.56466	.66398	1.50607	.68942	1.45049	.71549	1.39764	25
36	.63953	1.56366	.66440	1.50512	.68985	1.44958	.71593	1.39679	24
37	.63994	1.56265	.66482	1.50417	.69028	1.44868	.71637	1.39593	23
38	.64035	1.56165	.66524	1.50322	.69071	1.44778	.71681	1.39507	22
39	.64076	1.56065	.66566	1.50228	.69114	1.44688	.71725	1.39421	21
40	.64117	1.55966	.66608	1.50133	.69157	1.44598	.71769	1.39336	20
41	.64158	1.55866	.66650	1.50038	.69200	1.44508	.71813	1.39250	19
42	.64199	1.55766	.66692	1.49944	.69243	1.44418	.71857	1.39165	18
43	.64240	1.55666	.66734	1.49849	.69286	1.44329	.71901	1.39079	17
44	.64281	1.55567	.66776	1.49755	.69329	1.44239	.71946	1.38994	16
45	.64322	1.55467	.66818	1.49661	.69372	1.44149	.71990	1.38909	15
46	.64363	1.55368	.66860	1.49566	.69416	1.44060	.72034	1.38824	14
47	.64404	1.55269	.66902	1.49472	.69459	1.43970	.72078	1.38738	13
48	.64446	1.55170	.66944	1.49378	.69502	1.43881	.72122	1.38653	12
49	.64487	1.55071	.66986	1.49284	.69545	1.43792	.72167	1.38568	11
50	.64528	1.54972	.67028	1.49190	.69588	1.43703	.72211	1.38484	10
51	.64569	1.54873	.67071	1.49097	.69631	1.43614	.72255	1.38399	9
52	.64610	1.54774	.67113	1.49003	.69675	1.43525	.72299	1.38314	8
53	.64652	1.54675	.67155	1.48909	.69718	1.43436	.72344	1.38229	7
54	.64693	1.54576	.67197	1.48816	.69761	1.43347	.72388	1.38145	6
55	.64734	1.54478	.67239	1.48722	.69804	1.43258	.72432	1.38060	5
56	.64775	1.54379	.67282	1.48629	.69847	1.43169	.72477	1.37976	4
57	.64817	1.54281	.67324	1.48536	.69891	1.43080	.72521	1.37891	3
58	.64858	1.54183	.67366	1.48442	.69934	1.42992	.72565	1.37807	2
59	.64899	1.54085	.67409	1.48349	.69977	1.42903	.72610	1.37722	1
60	.64941	1.53986	.67451	1.48256	.70021	1.42815	.72654	1.37638	0
′	Cotang	Tang	Cotang	Tang	Cotang	Tang	Cotang	Tang	′
	57°		56°		55°		54°		

NATURAL TANGENTS AND COTANGENTS.

′	36° Tang	36° Cotang	37° Tang	37° Cotang	38° Tang	38° Cotang	39° Tang	39° Cotang	′
0	.72654	1.37638	.75355	1.32704	.78129	1.27994	.80978	1.23490	60
1	.72699	1.37554	.75401	1.32624	.78175	1.27917	.81027	1.23416	59
2	.72743	1.37470	.75447	1.32544	.78222	1.27841	.81075	1.23343	58
3	.72788	1.37386	.75492	1.32464	.78269	1.27764	.81123	1.23270	57
4	.72832	1.37302	.75538	1.32384	.78316	1.27688	.81171	1.23196	56
5	.72877	1.37218	.75584	1.32304	.78363	1.27611	.81220	1.23123	55
6	.72921	1.37134	.75629	1.32224	.78410	1.27535	.81268	1.23050	54
7	.72966	1.37050	.75675	1.32144	.78457	1.27458	.81316	1.22977	53
8	.73010	1.36967	.75721	1.32064	.78504	1.27382	.81364	1.22904	52
9	.73055	1.36883	.75767	1.31984	.78551	1.27306	.81413	1.22831	51
10	.73100	1.36800	.75812	1.31904	.78598	1.27230	.81461	1.22758	50
11	.73144	1.36716	.75858	1.31825	.78645	1.27153	.81510	1.22685	49
12	.73189	1.36633	.75904	1.31745	.78692	1.27077	.81558	1.22612	48
13	.73234	1.36549	.75950	1.31666	.78739	1.27001	.81606	1.22539	47
14	.73278	1.36466	.75996	1.31586	.78786	1.26925	.81655	1.22467	46
15	.73323	1.36383	.76042	1.31507	.78834	1.26849	.81703	1.22394	45
16	.73368	1.36300	.76088	1.31427	.78881	1.26774	.81752	1.22321	44
17	.73413	1.36217	.76134	1.31348	.78928	1.26698	.81800	1.22249	43
18	.73457	1.36134	.76180	1.31269	.78975	1.26622	.81849	1.22176	42
19	.73502	1.36051	.76226	1.31190	.79022	1.26546	.81898	1.22104	41
20	.73547	1.35968	.76272	1.31110	.79070	1.26471	.81946	1.22031	40
21	.73592	1.35885	.76318	1.31031	.79117	1.26395	.81995	1.21959	39
22	.73637	1.35802	.76364	1.30952	.79164	1.26319	.82044	1.21886	38
23	.73681	1.35719	.76410	1.30873	.79212	1.26244	.82092	1.21814	37
24	.73726	1.35637	.76456	1.30795	.79259	1.26169	.82141	1.21742	36
25	.73771	1.35554	.76502	1.30716	.79306	1.26093	.82190	1.21670	35
26	.73816	1.35472	.76548	1.30637	.79354	1.26018	.82238	1.21598	34
27	.73861	1.35389	.76594	1.30558	.79401	1.25943	.82287	1.21526	33
28	.73906	1.35307	.76640	1.30480	.79449	1.25867	.82336	1.21454	32
29	.73951	1.35224	.76686	1.30401	.79496	1.25792	.82385	1.21382	31
30	.73996	1.35142	.76733	1.30323	.79544	1.25717	.82434	1.21310	30
31	.74041	1.35060	.76779	1.30244	.79591	1.25642	.82483	1.21238	29
32	.74086	1.34978	.76825	1.30166	.79639	1.25567	.82531	1.21166	28
33	.74131	1.34896	.76871	1.30087	.79686	1.25492	.82580	1.21094	27
34	.74176	1.34814	.76918	1.30009	.79734	1.25417	.82629	1.21023	26
35	.74221	1.34732	.76964	1.29931	.79781	1.25343	.82678	1.20951	25
36	.74267	1.34650	.77010	1.29853	.79829	1.25268	.82727	1.20879	24
37	.74312	1.34568	.77057	1.29775	.79877	1.25193	.82776	1.20808	23
38	.74357	1.34487	.77103	1.29696	.79924	1.25118	.82825	1.20736	22
39	.74402	1.34405	.77149	1.29618	.79972	1.25044	.82874	1.20665	21
40	.74447	1.34323	.77196	1.29541	.80020	1.24969	.82923	1.20593	20
41	.74492	1.34242	.77242	1.29463	.80067	1.24895	.82972	1.20522	19
42	.74538	1.34160	.77289	1.29385	.80115	1.24820	.83022	1.20451	18
43	.74583	1.34079	.77335	1.29307	.80163	1.24746	.83071	1.20379	17
44	.74628	1.33998	.77382	1.29229	.80211	1.24672	.83120	1.20308	16
45	.74674	1.33916	.77428	1.29152	.80258	1.24597	.83169	1.20237	15
46	.74719	1.33835	.77475	1.29074	.80306	1.24523	.83218	1.20166	14
47	.74764	1.33754	.77521	1.28997	.80354	1.24449	.83268	1.20095	13
48	.74810	1.33673	.77568	1.28919	.80402	1.24375	.83317	1.20024	12
49	.74855	1.33592	.77615	1.28842	.80450	1.24301	.83366	1.19953	11
50	.74900	1.33511	.77661	1.28764	.80498	1.24227	.83415	1.19882	10
51	.74946	1.33430	.77708	1.28687	.80546	1.24153	.83465	1.19811	9
52	.74991	1.33349	.77754	1.28610	.80594	1.24079	.83514	1.19740	8
53	.75037	1.33268	.77801	1.28533	.80642	1.24005	.83564	1.19669	7
54	.75082	1.33187	.77848	1.28456	.80690	1.23931	.83613	1.19599	6
55	.75128	1.33107	.77895	1.28379	.80738	1.23858	.83662	1.19528	5
56	.75173	1.33026	.77941	1.28302	.80786	1.23784	.83712	1.19457	4
57	.75219	1.32946	.77988	1.28225	.80834	1.23710	.83761	1.19387	3
58	.75264	1.32865	.78035	1.28148	.80882	1.23637	.83811	1.19316	2
59	.75310	1.32785	.78082	1.28071	.80930	1.23563	.83860	1.19246	1
60	.75355	1.32704	.78129	1.27994	.80978	1.23490	.83910	1.19175	0
′	Cotang	Tang	Cotang	Tang	Cotang	Tang	Cotang	Tang	′
	53°		52°		51°		50°		

NATURAL TANGENTS AND COTANGENTS.

′	40° Tang	40° Cotang	41° Tang	41° Cotang	42° Tang	42° Cotang	43° Tang	43° Cotang	′
0	.83910	1.19175	.86929	1.15037	.90040	1.11061	.93252	1.07237	60
1	.83960	1.19105	.86980	1.14969	.90093	1.10996	.93306	1.07174	59
2	.84009	1.19035	.87031	1.14902	.90146	1.10931	.93360	1.07112	58
3	.84059	1.18964	.87082	1.14834	.90199	1.10867	.93415	1.07049	57
4	.84108	1.18894	.87133	1.14767	.90251	1.10802	.93469	1.06987	56
5	.84158	1.18824	.87184	1.14699	.90304	1.10737	.93524	1.06925	55
6	.84208	1.18754	.87236	1.14632	.90357	1.10672	.93578	1.06862	54
7	.84258	1.18684	.87287	1.14565	.90410	1.10607	.93633	1.06800	53
8	.84307	1.18614	.87338	1.14498	.90463	1.10543	.93688	1.06738	52
9	.84357	1.18544	.87389	1.14430	.90516	1.10478	.93742	1.06676	51
10	.84407	1.18474	.87441	1.14363	.90569	1.10414	.93797	1.06613	50
11	.84457	1.18404	.87492	1.14296	.90621	1.10349	.93852	1.06551	49
12	.84507	1.18334	.87543	1.14229	.90674	1.10285	.93906	1.06489	48
13	.84556	1.18264	.87595	1.14162	.90727	1.10220	.93961	1.06427	47
14	.84606	1.18194	.87646	1.14095	.90781	1.10156	.94016	1.06365	46
15	.84656	1.18125	.87698	1.14028	.90834	1.10091	.94071	1.06303	45
16	.84706	1.18055	.87749	1.13961	.90887	1.10027	.94125	1.06241	44
17	.84756	1.17986	.87801	1.13894	.90940	1.09963	.94180	1.06179	43
18	.84806	1.17916	.87852	1.13828	.90993	1.09899	.94235	1.06117	42
19	.84856	1.17846	.87904	1.13761	.91046	1.09834	.94290	1.06056	41
20	.84906	1.17777	.87955	1.13694	.91099	1.09770	.94345	1.05994	40
21	.84956	1.17708	.88007	1.13627	.91153	1.09706	.94400	1.05932	39
22	.85006	1.17638	.88059	1.13561	.91206	1.09642	.94455	1.05870	38
23	.85057	1.17569	.88110	1.13494	.91259	1.09578	.94510	1.05809	37
24	.85107	1.17500	.88162	1.13428	.91313	1.09514	.94565	1.05747	36
25	.85157	1.17430	.88214	1.13361	.91366	1.09450	.94620	1.05685	35
26	.85207	1.17361	.88265	1.13295	.91419	1.09386	.94676	1.05624	34
27	.85257	1.17292	.88317	1.13228	.91473	1.09322	.94731	1.05562	33
28	.85308	1.17223	.88369	1.13162	.91526	1.09258	.94786	1.05501	32
29	.85358	1.17154	.88421	1.13096	.91580	1.09195	.94841	1.05439	31
30	.85408	1.17085	.88473	1.13029	.91633	1.09131	.94896	1.05378	30
31	.85458	1.17016	.88524	1.12963	.91687	1.09067	.94952	1.05317	29
32	.85509	1.16947	.88576	1.12897	.91740	1.09003	.95007	1.05255	28
33	.85559	1.16878	.88628	1.12831	.91794	1.08940	.95062	1.05194	27
34	.85609	1.16809	.88680	1.12765	.91847	1.08876	.95118	1.05133	26
35	.85660	1.16741	.88732	1.12699	.91901	1.08813	.95173	1.05072	25
36	.85710	1.16672	.88784	1.12633	.91955	1.08749	.95229	1.05010	24
37	.85761	1.16603	.88836	1.12567	.92008	1.08686	.95284	1.04949	23
38	.85811	1.16535	.88888	1.12501	.92062	1.08622	.95340	1.04888	22
39	.85862	1.16466	.88940	1.12435	.92116	1.08559	.95395	1.04827	21
40	.85912	1.16398	.88992	1.12369	.92170	1.08496	.95451	1.04766	20
41	.85963	1.16329	.89045	1.12303	.92224	1.08432	.95506	1.04705	19
42	.86014	1.16261	.89097	1.12238	.92277	1.08369	.95562	1.04644	18
43	.86064	1.16192	.89149	1.12172	.92331	1.08306	.95618	1.04583	17
44	.86115	1.16124	.89201	1.12106	.92385	1.08243	.95673	1.04522	16
45	.86166	1.16056	.89253	1.12041	.92439	1.08179	.95729	1.04461	15
46	.86216	1.15987	.89306	1.11975	.92493	1.08116	.95785	1.04401	14
47	.86267	1.15919	.89358	1.11909	.92547	1.08053	.95841	1.04340	13
48	.86318	1.15851	.89410	1.11844	.92601	1.07990	.95897	1.04279	12
49	.86368	1.15783	.89463	1.11778	.92655	1.07927	.95952	1.04218	11
50	.86419	1.15715	.89515	1.11713	.92709	1.07864	.96008	1.04158	10
51	.86470	1.15647	.89567	1.11648	.92763	1.07801	.96064	1.04097	9
52	.86521	1.15579	.89620	1.11582	.92817	1.07738	.96120	1.04036	8
53	.86572	1.15511	.89672	1.11517	.92872	1.07676	.96176	1.03976	7
54	.86623	1.15443	.89725	1.11452	.92926	1.07613	.96232	1.03915	6
55	.86674	1.15375	.89777	1.11387	.92980	1.07550	.96288	1.03855	5
56	.86725	1.15308	.89830	1.11321	.93034	1.07487	.96344	1.03794	4
57	.86776	1.15240	.89883	1.11256	.93088	1.07425	.96400	1.03734	3
58	.86827	1.15172	.89935	1.11191	.93143	1.07362	.96457	1.03674	2
59	.86878	1.15104	.89988	1.11126	.93197	1.07299	.96513	1.03613	1
60	.86929	1.15037	.90040	1.11061	.93252	1.07237	.96569	1.03553	0
′	Cotang	Tang	Cotang	Tang	Cotang	Tang	Cotang	Tang	′
	49°		48°		47°		46°		

NATURAL TANGENTS AND COTANGENTS.

′	44° Tang	44° Cotang	′	′	44° Tang	44° Cotang	′	′	44° Tang	44° Cotang	′
0	.96569	1.03553	60	20	.97700	1.02355	40	40	.98843	1.01170	20
1	.96625	1.03493	59	21	.97756	1.02295	39	41	.98901	1.01112	19
2	.96681	1.03433	58	22	.97813	1.02236	38	42	.98958	1.01053	18
3	.96738	1.03372	57	23	.97870	1.02176	37	43	.99016	1.00994	17
4	.96794	1.03312	56	24	.97927	1.02117	36	44	.99073	1.00935	16
5	.96850	1.03252	55	25	.97984	1.02057	35	45	.99131	1.00876	15
6	.96907	1.03192	54	26	.98041	1.01998	34	46	.99189	1.00818	14
7	.96963	1.03132	53	27	.98098	1.01939	33	47	.99247	1.00759	13
8	.97020	1.03072	52	28	.98155	1.01879	32	48	.99304	1.00701	12
9	.97076	1.03012	51	29	.98213	1.01820	31	49	.99362	1.00642	11
10	.97133	1.02952	50	30	.98270	1.01761	30	50	.99420	1.00583	10
11	.97189	1.02892	49	31	.98327	1.01702	29	51	.99478	1.00525	9
12	.97246	1.02832	48	32	.98384	1.01642	28	52	.99536	1.00467	8
13	.97302	1.02772	47	33	.98441	1.01583	27	53	.99594	1.00408	7
14	.97359	1.02713	46	34	.98499	1.01524	26	54	.99652	1.00350	6
15	.97416	1.02653	45	35	.98556	1.01465	25	55	.99710	1.00291	5
16	.97472	1.02593	44	36	.98613	1.01406	24	56	.99768	1.00233	4
17	.97529	1.02533	43	37	.98671	1.01347	23	57	.99826	1.00175	3
18	.97586	1.02474	42	38	.98728	1.01288	22	58	.99884	1.00116	2
19	.97643	1.02414	41	39	.98786	1.01229	21	59	.99942	1.00058	1
20	.97700	1.02355	40	40	.98843	1.01170	20	60	1.00000	1.00000	0
′	Cotang	Tang	′	′	Cotang	Tang	′	′	Cotang	Tang	′
	45°				45°				45°		

NATURAL VERSED SINES AND EXTERNAL SECANTS.

′	0°		1°		2°		3°		′
	Vers.	Ex. sec.	Vers.	Ex. sec.	Vers.	Ex. sec.	Vers.	Ex. sec.	
0	.00000	.00000	.00015	.00015	.00061	.00061	.00137	.00137	0
1	.00000	.00000	.00016	.00016	.00062	.00062	.00139	.00139	1
2	.00000	.00000	.00016	.00016	.00063	.00063	.00140	.00140	2
3	.00000	.00000	.00017	.00017	.00064	.00064	.00142	.00142	3
4	.00000	.00000	.00017	.00017	.00065	.00065	.00143	.00143	4
5	.00000	.00000	.00018	.00018	.00066	.00066	.00145	.00145	5
6	.00000	.00000	.00018	.00018	.00067	.00067	.00146	.00147	6
7	.00000	.00000	.00019	.00019	.00068	.00068	.00148	.00148	7
8	.00000	.00000	.00020	.00020	.00069	.00069	.00150	.00150	8
9	.00000	.00000	.00020	.00020	.00070	.00070	.00151	.00151	9
10	.00000	.00000	.00021	.00021	.00071	.00072	.00153	.00153	10
11	.00001	.00001	.00021	.00021	.00073	.00073	.00154	.00155	11
12	.00001	.00001	.00022	.00022	.00074	.00074	.00156	.00156	12
13	.00001	.00001	.00023	.00023	.00075	.00075	.00158	.00158	13
14	.00001	.00001	.00023	.00023	.00076	.00076	.00159	.00159	14
15	.00001	.00001	.00024	.00024	.00077	.00077	.00161	.00161	15
16	.00001	.00001	.00024	.00024	.00078	.00078	.00162	.00163	16
17	.00001	.00001	.00025	.00025	.00079	.00079	.00164	.00164	17
18	.00001	.00001	.00026	.00026	.00081	.00081	.00166	.00166	18
19	.00002	.00002	.00026	.00026	.00082	.00082	.00168	.00168	19
20	.00002	.00002	.00027	.00027	.00083	.00083	.00169	.00169	20
21	.00002	.00002	.00028	.00028	.00084	.00084	.00171	.00171	21
22	.00002	.00002	.00028	.00028	.00085	.00085	.00173	.00173	22
23	.00002	.00002	.00029	.00029	.00087	.00087	.00174	.00175	23
24	.00002	.00002	.00030	.00030	.00088	.00088	.00176	.00176	24
25	.00003	.00003	.00031	.00031	.00089	.00089	.00178	.00178	25
26	.00003	.00003	.00031	.00031	.00090	.00090	.00179	.00180	26
27	.00003	.00003	.00032	.00032	.00091	.00091	.00181	.00182	27
28	.00003	.00003	.00033	.00033	.00093	.00093	.00183	.00183	28
29	.00004	.00004	.00034	.00034	.00094	.00094	.00185	.00185	29
30	.00004	.00004	.00034	.00034	.00095	.00095	.00187	.00187	30
31	.00004	.00004	.00035	.00035	.00096	.00097	.00188	.00189	31
32	.00004	.00004	.00036	.00036	.00098	.00098	.00190	.00190	32
33	.00005	.00005	.00037	.00037	.00099	.00099	.00192	.00192	33
34	.00005	.00005	.00037	.00037	.00100	.00100	.00194	.00194	34
35	.00005	.00005	.00038	.00038	.00102	.00102	.00196	.00196	35
36	.00005	.00005	.00039	.00039	.00103	.00103	.00197	.00198	36
37	.00006	.00006	.00040	.00040	.00104	.00104	.00199	.00200	37
38	.00006	.00006	.00041	.00041	.00106	.00106	.00201	.00201	38
39	.00006	.00006	.00041	.00041	.00107	.00107	.00203	.00203	39
40	.00007	.00007	.00042	.00042	.00108	.00108	.00205	.00205	40
41	.00007	.00007	.00043	.00043	.00110	.00110	.00207	.00207	41
42	.00007	.00007	.00044	.00044	.00111	.00111	.00208	.00209	42
43	.00008	.00008	.00045	.00045	.00112	.00113	.00210	.00211	43
44	.00008	.00008	.00046	.00046	.00114	.00114	.00212	.00213	44
45	.00009	.00009	.00047	.00047	.00115	.00115	.00214	.00215	45
46	.00009	.00009	.00048	.00048	.00117	.00117	.00216	.00216	46
47	.00009	.00009	.00048	.00048	.00118	.00118	.00218	.00218	47
48	.00010	.00010	.00049	.00049	.00119	.00120	.00220	.00220	48
49	.00010	.00010	.00050	.00050	.00121	.00121	.00222	.00222	49
50	.00011	.00011	.00051	.00051	.00122	.00122	.00224	.00224	50
51	.00011	.00011	.00052	.00052	.00124	.00124	.00226	.00226	51
52	.00011	.00011	.00053	.00053	.00125	.00125	.00228	.00228	52
53	.00012	.00012	.00054	.00054	.00127	.00127	.00230	.00230	53
54	.00012	.00012	.00055	.00055	.00128	.00128	.00232	.00232	54
55	.00013	.00013	.00056	.00056	.00130	.00130	.00234	.00234	55
56	.00013	.00013	.00057	.00057	.00131	.00131	.00236	.00236	56
57	.00014	.00014	.00058	.00058	.00133	.00133	.00238	.00238	57
58	.00014	.00014	.00059	.00059	.00134	.00134	.00240	.00240	58
59	.00015	.00015	.00060	.00060	.00136	.00136	.00242	.00242	59
60	.00015	.00015	.00061	.00061	.00137	.00137	.00244	.00244	60

NATURAL VERSED SINES AND EXTERNAL SECANTS

′	4° Vers.	4° Ex. sec.	5° Vers.	5° Ex. sec.	6° Vers.	6° Ex. sec.	7° Vers.	7° Ex. sec.	′
0	.00244	.00244	.00381	.00382	.00548	.00551	.00745	.00751	0
1	.00246	.00246	.00383	.00385	.00551	.00554	.00749	.00755	1
2	.00248	.00248	.00386	.00387	.00554	.00557	.00752	.00758	2
3	.00250	.00250	.00388	.00390	.00557	.00560	.00756	.00762	3
4	.00252	.00252	.00391	.00392	.00560	.00563	.00760	.00765	4
5	.00254	.00254	.00393	.00395	.00563	.00566	.00763	.00769	5
6	.00256	.00257	.00396	.00397	.00566	.00569	.00767	.00773	6
7	.00258	.00259	.00398	.00400	.00569	.00573	.00770	.00776	7
8	.00260	.00261	.00401	.00403	.00572	.00576	.00774	.00780	8
9	.00262	.00263	.00404	.00405	.00576	.00579	.00778	.00784	9
10	.00264	.00265	.00406	.00408	.00579	.00582	.00781	.00787	10
11	.00266	.00267	.00409	.00411	.00582	.00585	.00785	.00791	11
12	.00269	.00269	.00412	.00413	.00585	.00588	.00789	.00795	12
13	.00271	.00271	.00414	.00416	.00588	.00592	.00792	.00799	13
14	.00273	.00274	.00417	.00419	.00591	.00595	.00796	.00802	14
15	.00275	.00276	.00420	.00421	.00594	.00598	.00800	.00806	15
16	.00277	.00278	.00422	.00424	.00598	.00601	.00803	.00810	16
17	.00279	.00280	.00425	.00427	.00601	.00604	.00807	.00813	17
18	.00281	.00282	.00428	.00429	.00604	.00608	.00811	.00817	18
19	.00284	.00284	.00430	.00432	.00607	.00611	.00814	.00821	19
20	.00286	.00287	.00433	.00435	.00610	.00614	.00818	.00825	20
21	.00288	.00289	.00436	.00438	.00614	.00617	.00822	.00828	21
22	.00290	.00291	.00438	.00440	.00617	.00621	.00825	.00832	22
23	.00293	.00293	.00441	.00443	.00620	.00624	.00829	.00836	23
24	.00295	.00296	.00444	.00446	.00623	.00627	.00833	.00840	24
25	.00297	.00298	.00447	.00449	.00626	.00630	.00837	.00844	25
26	.00299	.00300	.00449	.00451	.00630	.00634	.00840	.00848	26
27	.00301	.00302	.00452	.00454	.00633	.00637	.00844	.00851	27
28	.00304	.00305	.00455	.00457	.00636	.00640	.00848	.00855	28
29	.00306	.00307	.00458	.00460	.00640	.00644	.00852	.00859	29
30	.00308	.00309	.00460	.00463	.00643	.00647	.00856	.00863	30
31	.00311	.00312	.00463	.00465	.00646	.00650	.00859	.00867	31
32	.00313	.00314	.00466	.00468	.00649	.00654	.00863	.00871	32
33	.00315	.00316	.00469	.00471	.00653	.00657	.00867	.00875	33
34	.00317	.00318	.00472	.00474	.00656	.00660	.00871	.00878	34
35	.00320	.00321	.00474	.00477	.00659	.00664	.00875	.00882	35
36	.00322	.00323	.00477	.00480	.00663	.00667	.00878	.00886	36
37	.00324	.00326	.00480	.00482	.00666	.00671	.00882	.00890	37
38	.00327	.00328	.00483	.00485	.00669	.00674	.00886	.00894	38
39	.00329	.00330	.00486	.00488	.00673	.00677	.00890	.00898	39
40	.00332	.00333	.00489	.00491	.00676	.00681	.00894	.00902	40
41	.00334	.00335	.00492	.00494	.00680	.00684	.00898	.00906	41
42	.00336	.00337	.00494	.00497	.00683	.00688	.00902	.00910	42
43	.00339	.00340	.00497	.00500	.00686	.00691	.00906	.00914	43
44	.00341	.00342	.00500	.00503	.00690	.00695	.00909	.00918	44
45	.00343	.00345	.00503	.00506	.00693	.00698	.00913	.00922	45
46	.00346	.00347	.00506	.00509	.00697	.00701	.00917	.00926	46
47	.00348	.00350	.00509	.00512	.00700	.00705	.00921	.00930	47
48	.00351	.00352	.00512	.00515	.00703	.00708	.00925	.00934	48
49	.00353	.00354	.00515	.00518	.00707	.00712	.00929	.00938	49
50	.00356	.00357	.00518	.00521	.00710	.00715	.00933	.00942	50
51	.00358	.00359	.00521	.00524	.00714	.00719	.00937	.00946	51
52	.00361	.00362	.00524	.00527	.00717	.00722	.00941	.00950	52
53	.00363	.00364	.00527	.00530	.00721	.00726	.00945	.00954	53
54	.00365	.00367	.00530	.00533	.00724	.00730	.00949	.00958	54
55	.00368	.00369	.00533	.00536	.00728	.00733	.00953	.00962	55
56	.00370	.00372	.00536	.00539	.00731	.00737	.00957	.00966	56
57	.00373	.00374	.00539	.00542	.00735	.00740	.00961	.00970	57
58	.00375	.00377	.00542	.00545	.00738	.00744	.00965	.00975	58
59	.00378	.00379	.00545	.00548	.00742	.00747	.00969	.00979	59
60	.00381	.00382	.00548	.00551	.00745	.00751	.00973	.00983	60

NATURAL VERSED SINES AND EXTERNAL SECANTS.

'	8°		9°		10°		11°		'
	Vers.	Ex. sec.	Vers.	Ex. sec.	Vers.	Ex. sec.	Vers.	Ex. sec.	
0	.00973	.00983	.01231	.01247	.01519	.01543	.01837	.01872	0
1	.00977	.00987	.01236	.01251	.01524	.01548	.01843	.01877	1
2	.00981	.00991	.01240	.01256	.01529	.01553	.01848	.01883	2
3	.00985	.00995	.01245	.01261	.01534	.01558	.01854	.01889	3
4	.00989	.00999	.01249	.01265	.01540	.01564	.01860	.01895	4
5	.00994	.01004	.01254	.01270	.01545	.01569	.01865	.01901	5
6	.00998	.01008	.01259	.01275	.01550	.01574	.01871	.01906	6
7	.01002	.01012	.01263	.01279	.01555	.01579	.01876	.01912	7
8	.01006	.01016	.01268	.01284	.01560	.01585	.01882	.01918	8
9	.01010	.01020	.01272	.01289	.01565	.01590	.01888	.01924	9
10	.01014	.01024	.01277	.01294	.01570	.01595	.01893	.01930	10
11	.01018	.01029	.01282	.01298	.01575	.01601	.01899	.01936	11
12	.01022	.01033	.01286	.01303	.01580	.01606	.01904	.01941	12
13	.01027	.01037	.01291	.01308	.01586	.01611	.01910	.01947	13
14	.01031	.01041	.01296	.01313	.01591	.01616	.01916	.01953	14
15	.01035	.01046	.01300	.01318	.01596	.01622	.01921	.01959	15
16	.01039	.01050	.01305	.01322	.01601	.01627	.01927	.01965	16
17	.01043	.01054	.01310	.01327	.01606	.01633	.01933	.01971	17
18	.01047	.01059	.01314	.01332	.01612	.01638	.01939	.01977	18
19	.01052	.01063	.01319	.01337	.01617	.01643	.01944	.01983	19
20	.01056	.01067	.01324	.01342	.01622	.01649	.01950	.01989	20
21	.01060	.01071	.01329	.01346	.01627	.01654	.01956	.01995	21
22	.01064	.01076	.01333	.01351	.01632	.01659	.01961	.02001	22
23	.01069	.01080	.01338	.01356	.01638	.01665	.01967	.02007	23
24	.01073	.01084	.01343	.01361	.01643	.01670	.01973	.02013	24
25	.01077	.01089	.01348	.01366	.01648	.01676	.01979	.02019	25
26	.01081	.01093	.01352	.01371	.01653	.01681	.01984	.02025	26
27	.01086	.01097	.01357	.01376	.01659	.01687	.01990	.02031	27
28	.01090	.01102	.01362	.01381	.01664	.01692	.01996	.02037	28
29	.01094	.01106	.01367	.01386	.01669	.01698	.02002	.02043	29
30	.01098	.01111	.01371	.01391	.01675	.01703	.02008	.02049	30
31	.01103	.01115	.01376	.01395	.01680	.01709	.02013	.02055	31
32	.01107	.01119	.01381	.01400	.01685	.01714	.02019	.02061	32
33	.01111	.01124	.01386	.01405	.01690	.01720	.02025	.02067	33
34	.01116	.01128	.01391	.01410	.01696	.01725	.02031	.02073	34
35	.01120	.01133	.01396	.01415	.01701	.01731	.02037	.02079	35
36	.01124	.01137	.01400	.01420	.01706	.01736	.02042	.02085	36
37	.01129	.01142	.01405	.01425	.01712	.01742	.02048	.02091	37
38	.01133	.01146	.01410	.01430	.01717	.01747	.02054	.02097	38
39	.01137	.01151	.01415	.01435	.01723	.01753	.02060	.02103	39
40	.01142	.01155	.01420	.01440	.01728	.01758	.02066	.02110	40
41	.01146	.01160	.01425	.01445	.01733	.01764	.02072	.02116	41
42	.01151	.01164	.01430	.01450	.01739	.01769	.02078	.02122	42
43	.01155	.01169	.01435	.01455	.01744	.01775	.02084	.02128	43
44	.01159	.01173	.01439	.01461	.01750	.01781	.02090	.02134	44
45	.01164	.01178	.01444	.01466	.01755	.01786	.02095	.02140	45
46	.01168	.01182	.01449	.01471	.01760	.01792	.02101	.02146	46
47	.01173	.01187	.01454	.01476	.01766	.01798	.02107	.02153	47
48	.01177	.01191	.01459	.01481	.01771	.01803	.02113	.02159	48
49	.01182	.01196	.01464	.01486	.01777	.01809	.02119	.02165	49
50	.01186	.01200	.01469	.01491	.01782	.01815	.02125	.02171	50
51	.01191	.01205	.01474	.01496	.01788	.01820	.02131	.02178	51
52	.01195	.01209	.01479	.01501	.01793	.01826	.02137	.02184	52
53	.01200	.01214	.01484	.01506	.01799	.01832	.02143	.02190	53
54	.01204	.01219	.01489	.01512	.01804	.01837	.02149	.02196	54
55	.01209	.01223	.01494	.01517	.01810	.01843	.02155	.02203	55
56	.01213	.01228	.01499	.01522	.01815	.01849	.02161	.02209	56
57	.01218	.01233	.01504	.01527	.01821	.01854	.02167	.02215	57
58	.01222	.01237	.01509	.01532	.01826	.01860	.02173	.02221	58
59	.01227	.01242	.01514	.01537	.01832	.01866	.02179	.02228	59
60	.01231	.01247	.01519	.01543	.01837	.01872	.02185	.02234	60

NATURAL VERSED SINES AND EXTERNAL SECANTS.

,	12°		13°		14°		15°		,
	Vers.	Ex. sec.	Vers.	Ex. sec.	Vers.	Ex. sec.	Vers.	Ex. sec.	
0	.02185	.02234	.02563	.02630	.02970	.03061	.03407	.03528	0
1	.02191	.02240	.02570	.02637	.02977	.03069	.03415	.03536	1
2	.02197	.02247	.02576	.02644	.02985	.03076	.03422	.03544	2
3	.02203	.02253	.02583	.02651	.02992	.03084	.03430	.03552	3
4	.02210	.02259	.02589	.02658	.02999	.03091	.03438	.03560	4
5	.02216	.02266	.02596	.02665	.03006	.03099	.03445	.03568	5
6	.02222	.02272	.02602	.02672	.03013	.03106	.03453	.03576	6
7	.02228	.02279	.02609	.02679	.03020	.03114	.03460	.03584	7
8	.02234	.02285	.02616	.02686	.03027	.03121	.03468	.03592	8
9	.02240	.02291	.02622	.02693	.03034	.03129	.03476	.03601	9
10	.02246	.02298	.02629	.02700	.03041	.03137	.03483	.03609	10
11	.02252	.02304	.02635	.02707	.03048	.03144	.03491	.03617	11
12	.02258	.02311	.02642	.02714	.03055	.03152	.03498	.03625	12
13	.02265	.02317	.02649	.02721	.03063	.03159	.03506	.03633	13
14	.02271	.02323	.02655	.02728	.03070	.03167	.03514	.03642	14
15	.02277	.02330	.02662	.02735	.03077	.03175	.03521	.03650	15
16	.02283	.02336	.02669	.02742	.03084	.03182	.03529	.03658	16
17	.02289	.02343	.02675	.02749	.03091	.03190	.03537	.03666	17
18	.02295	.02349	.02682	.02756	.03098	.03198	.03544	.03674	18
19	.02302	.02356	.02689	.02763	.03106	.03205	.03552	.03683	19
20	.02308	.02362	.02696	.02770	.03113	.03213	.03560	.03691	20
21	.02314	.02369	.02702	.02777	.03120	.03221	.03567	.03699	21
22	.02320	.02375	.02709	.02784	.03127	.03228	.03575	.03708	22
23	.02327	.02382	.02716	.02791	.03134	.03236	.03583	.03716	23
24	.02333	.02388	.02722	.02799	.03142	.03244	.03590	.03724	24
25	.02339	.02395	.02729	.02806	.03149	.03251	.03598	.03732	25
26	.02345	.02402	.02736	.02813	.03156	.03259	.03606	.03741	26
27	.02352	.02408	.02743	.02820	.03163	.03267	.03614	.03749	27
28	.02358	.02415	.02749	.02827	.03171	.03275	.03621	.03758	28
29	.02364	.02421	.02756	.02834	.03178	.03282	.03629	.03766	29
30	.02370	.02428	.02763	.02842	.03185	.03290	.03637	.03774	30
31	.02377	.02435	.02770	.02849	.03193	.03298	.03645	.03783	31
32	.02383	.02441	.02777	.02856	.03200	.03306	.03653	.03791	32
33	.02389	.02448	.02783	.02863	.03207	.03313	.03660	.03799	33
34	.02396	.02454	.02790	.02870	.03214	.03321	.03668	.03808	34
35	.02402	.02461	.02797	.02878	.03222	.03329	.03676	.03816	35
36	.02408	.02468	.02804	.02885	.03229	.03337	.03684	.03825	36
37	.02415	.02474	.02811	.02892	.03236	.03345	.03692	.03833	37
38	.02421	.02481	.02818	.02899	.03244	.03353	.03699	.03842	38
39	.02427	.02488	.02824	.02907	.03251	.03360	.03707	.03850	39
40	.02434	.02494	.02831	.02914	.03258	.03368	.03715	.03858	40
41	.02440	.02501	.02838	.02921	.03266	.03376	.03723	.03867	41
42	.02447	.02508	.02845	.02928	.03273	.03384	.03731	.03875	42
43	.02453	.02515	.02852	.02936	.03281	.03392	.03739	.03884	43
44	.02459	.02521	.02859	.02943	.03288	.03400	.03747	.03892	44
45	.02466	.02528	.02866	.02950	.03295	.03408	.03754	.03901	45
46	.02472	.02535	.02873	.02958	.03303	.03416	.03762	.03909	46
47	.02479	.02542	.02880	.02965	.03310	.03424	.03770	.03918	47
48	.02485	.02548	.02887	.02972	.03318	.03432	.03778	.03927	48
49	.02492	.02555	.02894	.02980	.03325	.03439	.03786	.03935	49
50	.02498	.02562	.02900	.02987	.03333	.03447	.03794	.03944	50
51	.02504	.02569	.02907	.02994	.03340	.03455	.03802	.03952	51
52	.02511	.02576	.02914	.03002	.03347	.03463	.03810	.03961	52
53	.02517	.02582	.02921	.03009	.03355	.03471	.03818	.03969	53
54	.02524	.02589	.02928	.03017	.03362	.03479	.03826	.03978	54
55	.02530	.02596	.02935	.03024	.03370	.03487	.03834	.03987	55
56	.02537	.02603	.02942	.03032	.03377	.03495	.03842	.03995	56
57	.02543	.02610	.02949	.03039	.03385	.03503	.03850	.04004	57
58	.02550	.02617	.02956	.03046	.03392	.03512	.03858	.04013	58
59	.02556	.02624	.02963	.03054	.03400	.03520	.03866	.04021	59
60	.02563	.02630	.02970	.03061	.03407	.03528	.03874	.04030	60

NATURAL VERSED SINES AND EXTERNAL SECANTS.

′	16° Vers.	16° Ex. sec.	17° Vers.	17° Ex. sec.	18° Vers.	18° Ex. sec.	19° Vers.	19° Ex. sec.	′
0	.03874	.04030	.04370	.04569	.04894	.05146	.05448	.05762	0
1	.03882	.04039	.04378	.04578	.04903	.05156	.05458	.05773	1
2	.03890	.04047	.04387	.04588	.04912	.05166	.05467	.05783	2
3	.03898	.04056	.04395	.04597	.04921	.05176	.05477	.05794	3
4	.03906	.04065	.04404	.04606	.04930	.05186	.05486	.05805	4
5	.03914	.04073	.04412	.04616	.04939	.05196	.05496	.05815	5
6	.03922	.04082	.04421	.04625	.04948	.05206	.05505	.05826	6
7	.03930	.04091	.04429	.04635	.04957	.05216	.05515	.05836	7
8	.03938	.04100	.04438	.04644	.04967	.05226	.05524	.05847	8
9	.03946	.04108	.04446	.04653	.04976	.05236	.05534	.05858	9
10	.03954	.04117	.04455	.04663	.04985	.05246	.05543	.05869	10
11	.03963	.04126	.04464	.04672	.04994	.05256	.05553	.05879	11
12	.03971	.04135	.04472	.04682	.05003	.05266	.05562	.05890	12
13	.03979	.04144	.04481	.04691	.05012	.05276	.05572	.05901	13
14	.03987	.04152	.04489	.04700	.05021	.05286	.05582	.05911	14
15	.03995	.04161	.04498	.04710	.05030	.05297	.05591	.05922	15
16	.04003	.04170	.04507	.04719	.05039	.05307	.05601	.05933	16
17	.04011	.04179	.04515	.04729	.05048	.05317	.05610	.05944	17
18	.04019	.04188	.04524	.04738	.05057	.05327	.05620	.05955	18
19	.04028	.04197	.04533	.04748	.05067	.05337	.05630	.05965	19
20	.04036	.04206	.04541	.04757	.05076	.05347	.05639	.05976	20
21	.04044	.04214	.04550	.04767	.05085	.05357	.05649	.05987	21
22	.04052	.04223	.04559	.04776	.05094	.05367	.05658	.05998	22
23	.04060	.04232	.04567	.04786	.05103	.05378	.05668	.06009	23
24	.04069	.04241	.04576	.04795	.05112	.05388	.05678	.06020	24
25	.04077	.04250	.04585	.04805	.05122	.05398	.05687	.06030	25
26	.04085	.04259	.04593	.04815	.05131	.05408	.05697	.06041	26
27	.04093	.04268	.04602	.04824	.05140	.05418	.05707	.06052	27
28	.04102	.04277	.04611	.04834	.05149	.05429	.05716	.06063	28
29	.04110	.04286	.04620	.04843	.05158	.05439	.05726	.06074	29
30	.04118	.04295	.04628	.04853	.05168	.05449	.05736	.06085	30
31	.04126	.04304	.04637	.04863	.05177	.05460	.05746	.06096	31
32	.04135	.04313	.04646	.04872	.05186	.05470	.05755	.06107	32
33	.04143	.04322	.04655	.04882	.05195	.05480	.05765	.06118	33
34	.04151	.04331	.04663	.04891	.05205	.05490	.05775	.06129	34
35	.04159	.04340	.04672	.04901	.05214	.05501	.05785	.06140	35
36	.04168	.04349	.04681	.04911	.05223	.05511	.05794	.06151	36
37	.04176	.04358	.04690	.04920	.05232	.05521	.05804	.06162	37
38	.04184	.04367	.04699	.04930	.05242	.05532	.05814	.06173	38
39	.04193	.04376	.04707	.04940	.05251	.05542	.05824	.06184	39
40	.04201	.04385	.04716	.04950	.05260	.05552	.05833	.06195	40
41	.04209	.04394	.04725	.04959	.05270	.05563	.05843	.06206	41
42	.04218	.04403	.04734	.04969	.05279	.05573	.05853	.06217	42
43	.04226	.04413	.04743	.04979	.05288	.05584	.05863	.06228	43
44	.04234	.04422	.04752	.04989	.05298	.05594	.05873	.06239	44
45	.04243	.04431	.04760	.04998	.05307	.05604	.05882	.06250	45
46	.04251	.04440	.04769	.05008	.05316	.05615	.05892	.06261	46
47	.04260	.04449	.04778	.05018	.05326	.05625	.05902	.06272	47
48	.04268	.04458	.04787	.05028	.05335	.05636	.05912	.06283	48
49	.04276	.04468	.04796	.05038	.05344	.05646	.05922	.06295	49
50	.04285	.04477	.04805	.05047	.05354	.05657	.05932	.06306	50
51	.04293	.04486	.04814	.05057	.05363	.05667	.05942	.06317	51
52	.04302	.04495	.04823	.05067	.05373	.05678	.05951	.06328	52
53	.04310	.04504	.04832	.05077	.05382	.05688	.05961	.06339	53
54	.04319	.04514	.04841	.05087	.05391	.05699	.05971	.06350	54
55	.04327	.04523	.04850	.05097	.05401	.05709	.05981	.06362	55
56	.04336	.04532	.04858	.05107	.05410	.05720	.05991	.06373	56
57	.04344	.04541	.04867	.05116	.05420	.05730	.06001	.06384	57
58	.04353	.04551	.04876	.05126	.05429	.05741	.06011	.06395	58
59	.04361	.04560	.04885	.05136	.05439	.05751	.06021	.06407	59
60	.04370	.04569	.04894	.05146	.05448	.05762	.06031	.06418	60

NATURAL VERSED SINES AND EXTERNAL SECANTS.

′	20° Vers.	20° Ex. sec.	21° Vers.	21° Ex. sec.	22° Vers.	22° Ex. sec.	23° Vers.	23° Ex. sec.	′
0	.06031	.06418	.06642	.07115	.07282	.07853	.07950	.08636	0
1	.06041	.06429	.06652	.07126	.07293	.07866	.07961	.08649	1
2	.06051	.06440	.06663	.07138	.07303	.07879	.07972	.08663	2
3	.06061	.06452	.06673	.07150	.07314	.07892	.07984	.08676	3
4	.06071	.06463	.06684	.07162	.07325	.07904	.07995	.08690	4
5	.06081	.06474	.06694	.07174	.07336	.07917	.08006	.08703	5
6	.06091	.06486	.06705	.07186	.07347	.07930	.08018	.08717	6
7	.06101	.06497	.06715	.07199	.07358	.07943	.08029	.08730	7
8	.06111	.06508	.06726	.07211	.07369	.07955	.08041	.08744	8
9	.06121	.06520	.06736	.07223	.07380	.07968	.08052	.08757	9
10	.06131	.06531	.06747	.07235	.07391	.07981	.08064	.08771	10
11	.06141	.06542	.06757	.07247	.07402	.07994	.08075	.08784	11
12	.06151	.06554	.06768	.07259	.07413	.08006	.08086	.08798	12
13	.06161	.06565	.06778	.07271	.07424	.08019	.08098	.08811	13
14	.06171	.06577	.06789	.07283	.07435	.08032	.08109	.08825	14
15	.06181	.06588	.06799	.07295	.07446	.08045	.08121	.08839	15
16	.06191	.06600	.06810	.07307	.07457	.08058	.08132	.08852	16
17	.06201	.06611	.06820	.07320	.07468	.08071	.08144	.08866	17
18	.06211	.06622	.06831	.07332	.07479	.08084	.08155	.08880	18
19	.06221	.06634	.06841	.07344	.07490	.08097	.08167	.08893	19
20	.06231	.06645	.06852	.07356	.07501	.08109	.08178	.08907	20
21	.06241	.06657	.06863	.07368	.07512	.08122	.08190	.08921	21
22	.06252	.06668	.06873	.07380	.07523	.08135	.08201	.08934	22
23	.06262	.06680	.06884	.07393	.07534	.08148	.08213	.08948	23
24	.06272	.06691	.06894	.07405	.07545	.08161	.08225	.08962	24
25	.06282	.06703	.06905	.07417	.07556	.08174	.08236	.08975	25
26	.06292	.06715	.06916	.07429	.07568	.08187	.08248	.08989	26
27	.06302	.06726	.06926	.07442	.07579	.08200	.08259	.09003	27
28	.06313	.06738	.06937	.07454	.07590	.08213	.08271	.09017	28
29	.06323	.06749	.06948	.07466	.07601	.08226	.08282	.09030	29
30	.06333	.06761	.06958	.07479	.07612	.08239	.08294	.09044	30
31	.06343	.06773	.06969	.07491	.07623	.08252	.08306	.09058	31
32	.06353	.06784	.06980	.07503	.07634	.08265	.08317	.09072	32
33	.06363	.06796	.06990	.07516	.07645	.08278	.08329	.09086	33
34	.06374	.06807	.07001	.07528	.07657	.08291	.08340	.09099	34
35	.06384	.06819	.07012	.07540	.07668	.08305	.08352	.09113	35
36	.06394	.06831	.07022	.07553	.07679	.08318	.08364	.09127	36
37	.06404	.06843	.07033	.07565	.07690	.08331	.08375	.09141	37
38	.06415	.06854	.07044	.07578	.07701	.08344	.08387	.09155	38
39	.06425	.06866	.07055	.07590	.07713	.08357	.08399	.09169	39
40	.06435	.06878	.07065	.07602	.07724	.08370	.08410	.09183	40
41	.06445	.06889	.07076	.07615	.07735	.08383	.08422	.09197	41
42	.06456	.06901	.07087	.07627	.07746	.08397	.08434	.09211	42
43	.06466	.06913	.07098	.07640	.07757	.08410	.08445	.09224	43
44	.06476	.06925	.07108	.07652	.07769	.08423	.08457	.09238	44
45	.06486	.06936	.07119	.07665	.07780	.08436	.08469	.09252	45
46	.06497	.06948	.07130	.07677	.07791	.08449	.08481	.09266	46
47	.06507	.06960	.07141	.07690	.07802	.08463	.08492	.09280	47
48	.06517	.06972	.07151	.07702	.07814	.08476	.08504	.09294	48
49	.06528	.06984	.07162	.07715	.07825	.08489	.08516	.09308	49
50	.06538	.06995	.07173	.07727	.07836	.08503	.08528	.09323	50
51	.06548	.07007	.07184	.07740	.07848	.08516	.08539	.09337	51
52	.06559	.07019	.07195	.07752	.07859	.08529	.08551	.09351	52
53	.06569	.07031	.07206	.07765	.07870	.08542	.08563	.09365	53
54	.06580	.07043	.07216	.07778	.07881	.08556	.08575	.09379	54
55	.06590	.07055	.07227	.07790	.07893	.08569	.08586	.09393	55
56	.06600	.07067	.07238	.07803	.07904	.08582	.08598	.09407	56
57	.06611	.07079	.07249	.07816	.07915	.08596	.08610	.09421	57
58	.06621	.07091	.07260	.07828	.07927	.08609	.08622	.09435	58
59	.06632	.07103	.07271	.07841	.07938	.08623	.08634	.09449	59
60	.06642	.07115	.07282	.07853	.07950	.08636	.08645	.09464	60

NATURAL VERSED SINES AND EXTERNAL SECANTS.

′	24° Vers.	24° Ex. sec.	25° Vers.	25° Ex. sec.	26° Vers.	26° Ex. sec.	27° Vers.	27° Ex. sec.	′
0	.08645	.09464	.09869	.10338	.10121	.11260	.10899	.12233	0
1	.08657	.09478	.09882	.10353	.10133	.11276	.10913	.12249	1
2	.08669	.09492	.09894	.10368	.10146	.11292	.10926	.12266	2
3	.08681	.09506	.09406	.10383	.10159	.11308	.10939	.12283	3
4	.08693	.09520	.09418	.10398	.10172	.11323	.10952	.12299	4
5	.08705	.09535	.09431	.10413	.10184	.11339	.10965	.12316	5
6	.08717	.09549	.09443	.10428	.10197	.11355	.10979	.12333	6
7	.08728	.09563	.09455	.10443	.10210	.11371	.10992	.12349	7
8	.08740	.09577	.09468	.10458	.10223	.11387	.11005	.12366	8
9	.08752	.09592	.09480	.10473	.10236	.11403	.11019	.12383	9
10	.08764	.09606	.09493	.10488	.10248	.11419	.11032	.12400	10
11	.08776	.09620	.09505	.10503	.10261	.11435	.11045	.12416	11
12	.08788	.09635	.09517	.10518	.10274	.11451	.11058	.12433	12
13	.08800	.09649	.09530	.10533	.10287	.11467	.11072	.12450	13
14	.08812	.09663	.09542	.10549	.10300	.11483	.11085	.12467	14
15	.08824	.09678	.09554	.10564	.10313	.11499	.11098	.12484	15
16	.08836	.09692	.09567	.10579	.10326	.11515	.11112	.12501	16
17	.08848	.09707	.09579	.10594	.10338	.11531	.11125	.12518	17
18	.08860	.09721	.09592	.10609	.10351	.11547	.11138	.12534	18
19	.08872	.09735	.09604	.10625	.10364	.11563	.11152	.12551	19
20	.08884	.09750	.09617	.10640	.10377	.11579	.11165	.12568	20
21	.08896	.09764	.09629	.10655	.10390	.11595	.11178	.12585	21
22	.08908	.09779	.09642	.10670	.10403	.11611	.11192	.12602	22
23	.08920	.09793	.09654	.10686	.10416	.11627	.11205	.12619	23
24	.08932	.09808	.09666	.10701	.10429	.11643	.11218	.12636	24
25	.08944	.09822	.09679	.10716	.10442	.11659	.11232	.12653	25
26	.08956	.09837	.09691	.10731	.10455	.11675	.11245	.12670	26
27	.08968	.09851	.09704	.10747	.10468	.11691	.11259	.12687	27
28	.08980	.09866	.09716	.10762	.10481	.11708	.11272	.12704	28
29	.08992	.09880	.09729	.10777	.10494	.11724	.11285	.12721	29
30	.09004	.09895	.09741	.10793	.10507	.11740	.11299	.12738	30
31	.09016	.09909	.09754	.10808	.10520	.11756	.11312	.12755	31
32	.09028	.09924	.09767	.10824	.10533	.11772	.11326	.12772	32
33	.09040	.09939	.09779	.10839	.10546	.11789	.11339	.12789	33
34	.09052	.09953	.09792	.10854	.10559	.11805	.11353	.12807	34
35	.09064	.09968	.09804	.10870	.10572	.11821	.11366	.12824	35
36	.09076	.09982	.09817	.10885	.10585	.11838	.11380	.12841	36
37	.09089	.09997	.09829	.10901	.10598	.11854	.11393	.12858	37
38	.09101	.10012	.09842	.10916	.10611	.11870	.11407	.12875	38
39	.09113	.10026	.09854	.10932	.10624	.11886	.11420	.12892	39
40	.09125	.10041	.09867	.10947	.10637	.11903	.11434	.12910	40
41	.09137	.10055	.09880	.10963	.10650	.11919	.11447	.12927	41
42	.09149	.10071	.09892	.10978	.10663	.11936	.11461	.12944	42
43	.09161	.10085	.09905	.10994	.10676	.11952	.11474	.12961	43
44	.09174	.10100	.09918	.11009	.10689	.11968	.11488	.12979	44
45	.09186	.10115	.09930	.11025	.10702	.11985	.11501	.12996	45
46	.09198	.10130	.09943	.11041	.10715	.12001	.11515	.13013	46
47	.09210	.10144	.09955	.11056	.10728	.12018	.11528	.13031	47
48	.09222	.10159	.09968	.11072	.10741	.12034	.11542	.13048	48
49	.09234	.10174	.09981	.11087	.10755	.12051	.11555	.13065	49
50	.09247	.10189	.09993	.11103	.10768	.12067	.11569	.13083	50
51	.09259	.10204	.10006	.11119	.10781	.12084	.11583	.13100	51
52	.09271	.10218	.10019	.11134	.10794	.12100	.11596	.13117	52
53	.09283	.10233	.10032	.11150	.10807	.12117	.11610	.13135	53
54	.09296	.10248	.10044	.11166	.10820	.12133	.11623	.13152	54
55	.09308	.10263	.10057	.11181	.10833	.12150	.11637	.13170	55
56	.09320	.10278	.10070	.11197	.10847	.12166	.11651	.13187	56
57	.09332	.10293	.10082	.11213	.10860	.12183	.11664	.13205	57
58	.09345	.10308	.10095	.11229	.10873	.12199	.11678	.13222	58
59	.09357	.10323	.10108	.11244	.10886	.12216	.11692	.13240	59
60	.09369	.10338	.10121	.11260	.10899	.12233	.11705	.13257	60

NATURAL VERSED SINES AND EXTERNAL SECANTS.

′	28°		29°		30°		31°		′
	Vers.	Ex. sec.	Vers.	Ex. sec.	Vers.	Ex. sec.	Vers.	Ex. sec.	
0	.11705	.13257	.12538	.14335	.13397	.15470	.14283	.16663	0
1	.11719	.13275	.12552	.14354	.13412	.15489	.14298	.16684	1
2	.11733	.13292	.12566	.14372	.13427	.15509	.14313	.16704	2
3	.11746	.13310	.12580	.14391	.13441	.15528	.14328	.16725	3
4	.11760	.13327	.12595	.14409	.13456	.15548	.14343	.16745	4
5	.11774	.13345	.12609	.14428	.13470	.15567	.14358	.16766	5
6	.11787	.13362	.12623	.14446	.13485	.15587	.14373	.16786	6
7	.11801	.13380	.12637	.14465	.13499	.15606	.14388	.16806	7
8	.11815	.13398	.12651	.14483	.13514	.15626	.14403	.16827	8
9	.11828	.13415	.12665	.14502	.13529	.15645	.14418	.16848	9
10	.11842	.13433	.12679	.14521	.13543	.15665	.14433	.16868	10
11	.11856	.13451	.12694	.14539	.13558	.15684	.14449	.16889	11
12	.11870	.13468	.12708	.14558	.13573	.15704	.14464	.16909	12
13	.11883	.13486	.12722	.14576	.13587	.15724	.14479	.16930	13
14	.11897	.13504	.12736	.14595	.13602	.15743	.14494	.16950	14
15	.11911	.13521	.12750	.14614	.13616	.15763	.14509	.16971	15
16	.11925	.13539	.12765	.14632	.13631	.15782	.14524	.16992	16
17	.11938	.13557	.12779	.14651	.13646	.15802	.14539	.17012	17
18	.11952	.13575	.12793	.14670	.13660	.15822	.14554	.17033	18
19	.11966	.13593	.12807	.14689	.13675	.15841	.14569	.17054	19
20	.11980	.13610	.12822	.14707	.13690	.15861	.14584	.17075	20
21	.11994	.13628	.12836	.14726	.13705	.15881	.14599	.17095	21
22	.12007	.13646	.12850	.14745	.13719	.15901	.14615	.17116	22
23	.12021	.13664	.12864	.14764	.13734	.15920	.14630	.17137	23
24	.12035	.13682	.12879	.14782	.13749	.15940	.14645	.17158	24
25	.12049	.13700	.12893	.14801	.13763	.15960	.14660	.17178	25
26	.12063	.13718	.12907	.14820	.13778	.15980	.14675	.17199	26
27	.12077	.13735	.12921	.14839	.13793	.16000	.14690	.17220	27
28	.12091	.13753	.12936	.14858	.13808	.16019	.14705	.17241	28
29	.12104	.13771	.12950	.14877	.13822	.16039	.14721	.17262	29
30	.12118	.13789	.12964	.14896	.13837	.16059	.14736	.17283	30
31	.12132	.13807	.12979	.14914	.13852	.16079	.14751	.17304	31
32	.12146	.13825	.12993	.14933	.13867	.16099	.14766	.17325	32
33	.12160	.13843	.13007	.14952	.13881	.16119	.14782	.17346	33
34	.12174	.13861	.13022	.14971	.13896	.16139	.14797	.17367	34
35	.12188	.13879	.13036	.14990	.13911	.16159	.14812	.17388	35
36	.12202	.13897	.13051	.15009	.13926	.16179	.14827	.17409	36
37	.12216	.13916	.13065	.15028	.13941	.16199	.14843	.17430	37
38	.12230	.13934	.13079	.15047	.13955	.16219	.14858	.17451	38
39	.12244	.13952	.13094	.15066	.13970	.16239	.14873	.17472	39
40	.12257	.13970	.13108	.15085	.13985	.16259	.14888	.17493	40
41	.12271	.13988	.13122	.15105	.14000	.16279	.14904	.17514	41
42	.12285	.14006	.13137	.15124	.14015	.16299	.14919	.17535	42
43	.12299	.14024	.13151	.15143	.14030	.16319	.14934	.17556	43
44	.12313	.14042	.13166	.15162	.14044	.16339	.14949	.17577	44
45	.12327	.14061	.13180	.15181	.14059	.16359	.14965	.17598	45
46	.12341	.14079	.13195	.15200	.14074	.16380	.14980	.17620	46
47	.12355	.14097	.13209	.15219	.14089	.16400	.14995	.17641	47
48	.12369	.14115	.13223	.15239	.14104	.16420	.15011	.17662	48
49	.12383	.14134	.13238	.15258	.14119	.16440	.15026	.17683	49
50	.12397	.14152	.13252	.15277	.14134	.16460	.15041	.17704	50
51	.12411	.14170	.13267	.15296	.14149	.16481	.15057	.17726	51
52	.12425	.14188	.13281	.15315	.14164	.16501	.15072	.17747	52
53	.12439	.14207	.13296	.15335	.14179	.16521	.15087	.17768	53
54	.12454	.14225	.13310	.15354	.14194	.16541	.15103	.17790	54
55	.12468	.14243	.13325	.15373	.14208	.16562	.15118	.17811	55
56	.12482	.14262	.13339	.15393	.14223	.16582	.15134	.17832	56
57	.12496	.14280	.13354	.15412	.14238	.16602	.15149	.17854	57
58	.12510	.14299	.13368	.15431	.14253	.16623	.15164	.17875	58
59	.12524	.14317	.13383	.15451	.14268	.16643	.15180	.17896	59
60	.12538	.14335	.13397	.15470	.14283	.16663	.15195	.17918	60

NATURAL VERSED SINES AND EXTERNAL SECANTS.

′	32°		33°		34°		35°		′
	Vers.	Ex. sec.	Vers.	Ex. sec.	Vers.	Ex. sec.	Vers.	Ex. sec.	
0	.15195	.17918	.16133	.19236	.17096	.20622	.18085	.22077	0
1	.15211	.17939	.16149	.19259	.17113	.20645	.18101	.22102	1
2	.15226	.17961	.16165	.19281	.17129	.20669	.18118	.22127	2
3	.15241	.17982	.16181	.19304	.17145	.20693	.18135	.22152	3
4	.15257	.18004	.16196	.19327	.17161	.20717	.18152	.22177	4
5	.15272	.18025	.16212	.19349	.17178	.20740	.18168	.22202	5
6	.15288	.18047	.16228	.19372	.17194	.20764	.18185	.22227	6
7	.15303	.18068	.16244	.19394	.17210	.20788	.18202	.22252	7
8	.15319	.18090	.16260	.19417	.17227	.20812	.18218	.22277	8
9	.15334	.18111	.16276	.19440	.17243	.20836	.18235	.22302	9
10	.15350	.18133	.16292	.19463	.17259	.20859	.18252	.22327	10
11	.15365	.18155	.16308	.19485	.17276	.20883	.18269	.22352	11
12	.15381	.18176	.16324	.19508	.17292	.20907	.18286	.22377	12
13	.15396	.18198	.16340	.19531	.17308	.20931	.18302	.22402	13
14	.15412	.18220	.16355	.19554	.17325	.20955	.18319	.22428	14
15	.15427	.18241	.16371	.19576	.17341	.20979	.18336	.22453	15
16	.15443	.18263	.16387	.19599	.17357	.21003	.18353	.22478	16
17	.15458	.18285	.16403	.19622	.17374	.21027	.18369	.22503	17
18	.15474	.18307	.16419	.19645	.17390	.21051	.18386	.22528	18
19	.15489	.18328	.16435	.19668	.17407	.21075	.18403	.22554	19
20	.15505	.18350	.16451	.19691	.17423	.21099	.18420	.22579	20
21	.15520	.18372	.16467	.19713	.17439	.21123	.18437	.22604	21
22	.15536	.18394	.16483	.19736	.17456	.21147	.18454	.22629	22
23	.15552	.18416	.16499	.19759	.17472	.21171	.18470	.22655	23
24	.15567	.18437	.16515	.19782	.17489	.21195	.18487	.22680	24
25	.15583	.18459	.16531	.19805	.17505	.21220	.18504	.22706	25
26	.15598	.18481	.16547	.19828	.17522	.21244	.18521	.22731	26
27	.15614	.18503	.16563	.19851	.17538	.21268	.18538	.22756	27
28	.15630	.18525	.16579	.19874	.17554	.21292	.18555	.22782	28
29	.15645	.18547	.16595	.19897	.17571	.21316	.18572	.22807	29
30	.15661	.18569	.16611	.19920	.17587	.21341	.18588	.22833	30
31	.15676	.18591	.16627	.19944	.17604	.21365	.18605	.22858	31
32	.15692	.18613	.16644	.19967	.17620	.21389	.18622	.22884	32
33	.15708	.18635	.16660	.19990	.17637	.21414	.18639	.22909	33
34	.15723	.18657	.16676	.20013	.17653	.21438	.18656	.22935	34
35	.15739	.18679	.16692	.20036	.17670	.21462	.18673	.22960	35
36	.15755	.18701	.16708	.20059	.17686	.21487	.18690	.22986	36
37	.15770	.18723	.16724	.20083	.17703	.21511	.18707	.23012	37
38	.15786	.18745	.16740	.20106	.17719	.21535	.18724	.23037	38
39	.15802	.18767	.16756	.20129	.17736	.21560	.18741	.23063	39
40	.15818	.18790	.16772	.20152	.17752	.21584	.18758	.23089	40
41	.15833	.18812	.16789	.20176	.17769	.21609	.18775	.23114	41
42	.15849	.18834	.16805	.20199	.17786	.21633	.18792	.23140	42
43	.15865	.18856	.16821	.20222	.17802	.21658	.18809	.23166	43
44	.15880	.18878	.16837	.20246	.17819	.21682	.18826	.23192	44
45	.15896	.18901	.16853	.20269	.17835	.21707	.18843	.23217	45
46	.15912	.18923	.16869	.20292	.17852	.21731	.18860	.23243	46
47	.15928	.18945	.16885	.20316	.17868	.21756	.18877	.23269	47
48	.15943	.18967	.16902	.20339	.17885	.21781	.18894	.23295	48
49	.15959	.18990	.16918	.20363	.17902	.21805	.18911	.23321	49
50	.15975	.19012	.16934	.20386	.17918	.21830	.18928	.23347	50
51	.15991	.19034	.16950	.20410	.17935	.21855	.18945	.23373	51
52	.16006	.19057	.16966	.20433	.17952	.21879	.18962	.23399	52
53	.16022	.19079	.16983	.20457	.17968	.21904	.18979	.23424	53
54	.16038	.19102	.16999	.20480	.17985	.21929	.18996	.23450	54
55	.16054	.19124	.17015	.20504	.18001	.21953	.19013	.23476	55
56	.16070	.19146	.17031	.20527	.18018	.21978	.19030	.23502	56
57	.16085	.19169	.17047	.20551	.18035	.22003	.19047	.23529	57
58	.16101	.19191	.17064	.20575	.18051	.22028	.19064	.23555	58
59	.16117	.19214	.17080	.20598	.18068	.22053	.19081	.23581	59
60	.16133	.19236	.17096	.20622	.18085	.22077	.19098	.23607	60

NATURAL VERSED SINES AND EXTERNAL SECANTS.

′	36° Vers.	36° Ex. sec.	37° Vers.	37° Ex. sec.	38° Vers.	38° Ex. sec.	39° Vers.	39° Ex. sec.	′
0	.19098	.23607	.20136	.25214	.21199	.26902	.22285	.28676	0
1	.19115	.23633	.20154	.25241	.21217	.26931	.22304	.28706	1
2	.19133	.23659	.20171	.25269	.21235	.26960	.22322	.28737	2
3	.19150	.23685	.20189	.25296	.21253	.26988	.22340	.28767	3
4	.19167	.23711	.20207	.25324	.21271	.27017	.22359	.28797	4
5	.19184	.23738	.20224	.25351	.21289	.27046	.22377	.28828	5
6	.19201	.23764	.20242	.25379	.21307	.27075	.22395	.28858	6
7	.19218	.23790	.20259	.25406	.21324	.27104	.22414	.28889	7
8	.19235	.23816	.20277	.25434	.21342	.27133	.22432	.28919	8
9	.19252	.23843	.20294	.25462	.21360	.27162	.22450	.28950	9
10	.19270	.23869	.20312	.25489	.21378	.27191	.22469	.28980	10
11	.19287	.23895	.20329	.25517	.21396	.27221	.22487	.29011	11
12	.19304	.23922	.20347	.25545	.21414	.27250	.22506	.29042	12
13	.19321	.23948	.20365	.25572	.21432	.27279	.22524	.29072	13
14	.19338	.23975	.20382	.25600	.21450	.27308	.22542	.29103	14
15	.19356	.24001	.20400	.25628	.21468	.27337	.22561	.29133	15
16	.19373	.24028	.20417	.25656	.21486	.27366	.22579	.29164	16
17	.19390	.24054	.20435	.25683	.21504	.27396	.22598	.29195	17
18	.19407	.24081	.20453	.25711	.21522	.27425	.22616	.29226	18
19	.19424	.24107	.20470	.25739	.21540	.27454	.22634	.29256	19
20	.19442	.24134	.20488	.25767	.21558	.27483	.22653	.29287	20
21	.19459	.24160	.20506	.25795	.21576	.27513	.22671	.29318	21
22	.19476	.24187	.20523	.25823	.21595	.27542	.22690	.29349	22
23	.19493	.24213	.20541	.25851	.21613	.27572	.22708	.29380	23
24	.19511	.24240	.20559	.25879	.21631	.27601	.22727	.29411	24
25	.19528	.24267	.20576	.25907	.21649	.27630	.22745	.29442	25
26	.19545	.24293	.20594	.25935	.21667	.27660	.22764	.29473	26
27	.19562	.24320	.20612	.25963	.21685	.27689	.22782	.29504	27
28	.19580	.24347	.20629	.25991	.21703	.27719	.22801	.29535	28
29	.19597	.24373	.20647	.26019	.21721	.27748	.22819	.29566	29
30	.19614	.24400	.20665	.26047	.21739	.27778	.22838	.29597	30
31	.19632	.24427	.20682	.26075	.21757	.27807	.22856	.29628	31
32	.19649	.24454	.20700	.26104	.21775	.27837	.22875	.29659	32
33	.19666	.24481	.20718	.26132	.21794	.27867	.22893	.29690	33
34	.19684	.24508	.20736	.26160	.21812	.27896	.22912	.29721	34
35	.19701	.24534	.20753	.26188	.21830	.27926	.22930	.29752	35
36	.19718	.24561	.20771	.26216	.21848	.27956	.22949	.29784	36
37	.19736	.24588	.20789	.26245	.21866	.27985	.22967	.29815	37
38	.19753	.24615	.20807	.26273	.21884	.28015	.22986	.29846	38
39	.19770	.24642	.20824	.26301	.21902	.28045	.23004	.29877	39
40	.19788	.24669	.20842	.26330	.21921	.28075	.23023	.29909	40
41	.19805	.24696	.20860	.26358	.21939	.28105	.23041	.29940	41
42	.19822	.24723	.20878	.26387	.21957	.28134	.23060	.29971	42
43	.19840	.24750	.20895	.26415	.21975	.28164	.23079	.30003	43
44	.19857	.24777	.20913	.26443	.21993	.28194	.23097	.30034	44
45	.19875	.24804	.20931	.26472	.22012	.28224	.23116	.30066	45
46	.19892	.24832	.20949	.26500	.22030	.28254	.23134	.30097	46
47	.19909	.24859	.20967	.26529	.22048	.28284	.23153	.30129	47
48	.19927	.24886	.20985	.26557	.22066	.28314	.23172	.30160	48
49	.19944	.24913	.21002	.26586	.22084	.28344	.23190	.30192	49
50	.19962	.24940	.21020	.26615	.22103	.28374	.23209	.30223	50
51	.19979	.24967	.21038	.26643	.22121	.28404	.23228	.30255	51
52	.19997	.24995	.21056	.26672	.22139	.28434	.23246	.30287	52
53	.20014	.25022	.21074	.26701	.22157	.28464	.23265	.30318	53
54	.20032	.25049	.21092	.26729	.22176	.28495	.23283	.30350	54
55	.20049	.25077	.21109	.26758	.22194	.28525	.23302	.30382	55
56	.20066	.25104	.21127	.26787	.22212	.28555	.23321	.30413	56
57	.20084	.25131	.21145	.26815	.22231	.28585	.23339	.30445	57
58	.20101	.25159	.21163	.26844	.22249	.28615	.23358	.30477	58
59	.20119	.25186	.21181	.26873	.22267	.28646	.23377	.30509	59
60	.20136	.25214	.21199	.26902	.22285	.28676	.23396	.30541	60

NATURAL VERSED SINES AND EXTERNAL SECANTS

′	40° Vers.	40° Ex. sec.	41° Vers.	41° Ex. sec.	42° Vers.	42° Ex. sec.	43° Vers.	43° Ex. sec.	′
0	.23396	.30541	.24529	.32501	.25686	.34563	.26865	.36733	0
1	.23414	.30573	.24548	.32535	.25705	.34599	.26884	.36770	1
2	.23433	.30605	.24567	.32568	.25724	.34634	.26904	.36807	2
3	.23452	.30636	.24586	.32602	.25744	.34669	.26924	.36844	3
4	.23470	.30668	.24605	.32636	.25763	.34704	.26944	.36881	4
5	.23489	.30700	.24625	.32669	.25783	.34740	.26964	.36919	5
6	.23508	.30732	.24644	.32703	.25802	.34775	.26984	.36956	6
7	.23527	.30764	.24663	.32737	.25822	.34811	.27004	.36993	7
8	.23545	.30796	.24682	.32770	.25841	.34846	.27024	.37030	8
9	.23564	.30829	.24701	.32804	.25861	.34882	.27043	.37068	9
10	.23583	.30861	.24720	.32838	.25880	.34917	.27063	.37105	10
11	.23602	.30893	.24739	.32872	.25900	.34953	.27083	.37143	11
12	.23620	.30925	.24759	.32905	.25920	.34988	.27103	.37180	12
13	.23639	.30957	.24778	.32939	.25939	.35024	.27123	.37218	13
14	.23658	.30989	.24797	.32973	.25959	.35060	.27143	.37255	14
15	.23677	.31022	.24816	.33007	.25978	.35095	.27163	.37293	15
16	.23696	.31054	.24835	.33041	.25998	.35131	.27183	.37330	16
17	.23714	.31086	.24854	.33075	.26017	.35167	.27203	.37368	17
18	.23733	.31119	.24874	.33109	.26037	.35203	.27223	.37406	18
19	.23752	.31151	.24893	.33143	.26056	.35238	.27243	.37443	19
20	.23771	.31183	.24912	.33177	.26076	.35274	.27263	.37481	20
21	.23790	.31216	.24931	.33211	.26096	.35310	.27283	.37519	21
22	.23808	.31248	.24950	.33245	.26115	.35346	.27303	.37556	22
23	.23827	.31281	.24970	.33279	.26135	.35382	.27323	.37594	23
24	.23846	.31313	.24989	.33314	.26154	.35418	.27343	.37632	24
25	.23865	.31346	.25008	.33348	.26174	.35454	.27363	.37670	25
26	.23884	.31378	.25027	.33382	.26194	.35490	.27383	.37708	26
27	.23903	.31411	.25047	.33416	.26213	.35526	.27403	.37746	27
28	.23922	.31443	.25066	.33451	.26233	.35562	.27423	.37784	28
29	.23941	.31476	.25085	.33485	.26253	.35598	.27443	.37822	29
30	.23959	.31508	.25104	.33519	.26273	.35634	.27463	.37860	30
31	.23978	.31541	.25124	.33554	.26292	.35670	.27483	.37898	31
32	.23997	.31574	.25143	.33588	.26312	.35707	.27503	.37936	32
33	.24016	.31607	.25162	.33622	.26331	.35743	.27523	.37974	33
34	.24035	.31640	.25182	.33657	.26351	.35779	.27543	.38012	34
35	.24054	.31672	.25201	.33691	.26371	.35815	.27563	.38051	35
36	.24073	.31705	.25220	.33726	.26390	.35852	.27583	.38089	36
37	.24092	.31738	.25240	.33760	.26410	.35888	.27603	.38127	37
38	.24111	.31771	.25259	.33795	.26430	.35924	.27623	.38165	38
39	.24130	.31804	.25278	.33830	.26449	.35961	.27643	.38204	39
40	.24149	.31837	.25297	.33864	.26469	.35997	.27663	.38242	40
41	.24168	.31870	.25317	.33899	.26489	.36034	.27683	.38280	41
42	.24187	.31903	.25336	.33934	.26509	.36070	.27703	.38319	42
43	.24206	.31936	.25356	.33968	.26528	.36107	.27723	.38357	43
44	.24225	.31969	.25375	.34003	.26548	.36143	.27743	.38396	44
45	.24244	.32002	.25394	.34038	.26568	.36180	.27764	.38434	45
46	.24262	.32035	.25414	.34073	.26588	.36217	.27784	.38473	46
47	.24281	.32068	.25433	.34108	.26607	.36253	.27804	.38512	47
48	.24300	.32101	.25452	.34142	.26627	.36290	.27824	.38550	48
49	.24320	.32134	.25472	.34177	.26647	.36327	.27844	.38589	49
50	.24339	.32168	.25491	.34212	.26667	.36363	.27864	.38628	50
51	.24358	.32201	.25511	.34247	.26686	.36400	.27884	.38666	51
52	.24377	.32234	.25530	.34282	.26706	.36437	.27905	.38705	52
53	.24396	.32267	.25549	.34317	.26726	.36474	.27925	.38744	53
54	.24415	.32301	.25569	.34352	.26746	.36511	.27945	.38783	54
55	.24434	.32334	.25588	.34387	.26766	.36548	.27965	.38822	55
56	.24453	.32368	.25608	.34423	.26785	.36585	.27985	.38860	56
57	.24472	.32401	.25627	.34458	.26805	.36622	.28005	.38899	57
58	.24491	.32434	.25647	.34493	.26825	.36659	.28026	.38938	58
59	.24510	.32468	.25666	.34528	.26845	.36696	.28046	.38977	59
60	.24529	.32501	.25686	.34563	.26865	.36733	.28066	.39016	60

NATURAL VERSED SINES AND EXTERNAL SECANTS.

′	44° Vers.	44° Ex. sec.	45° Vers.	45° Ex. sec.	46° Vers.	46° Ex. sec.	47° Vers.	47° Ex. sec.	′
0	.28066	.39016	.29289	.41421	.30534	.43956	.31800	.46628	0
1	.28086	.39055	.29310	.41463	.30555	.43999	.31821	.46674	1
2	.28106	.39095	.29330	.41504	.30576	.44042	.31843	.46719	2
3	.28127	.39134	.29351	.41545	.30597	.44086	.31864	.46765	3
4	.28147	.39173	.29372	.41586	.30618	.44129	.31885	.46811	4
5	.28167	.39212	.29392	.41627	.30639	.44173	.31907	.46857	5
6	.28187	.39251	.29413	.41669	.30660	.44217	.31928	.46903	6
7	.28208	.39291	.29433	.41710	.30681	.44260	.31949	.46949	7
8	.28228	.39330	.29454	.41752	.30702	.44304	.31971	.46995	8
9	.28248	.39369	.29475	.41793	.30723	.44347	.31992	.47041	9
10	.28268	.39409	.29495	.41835	.30744	.44391	.32013	.47087	10
11	.28289	.39448	.29516	.41876	.30765	.44435	.32035	.47134	11
12	.28309	.39487	.29537	.41918	.30786	.44479	.32056	.47180	12
13	.28329	.39527	.29557	.41959	.30807	.44523	.32077	.47226	13
14	.28350	.39566	.29578	.42001	.30828	.44567	.32099	.47272	14
15	.28370	.39606	.29599	.42042	.30849	.44610	.32120	.47319	15
16	.28390	.39646	.29619	.42084	.30870	.44654	.32141	.47365	16
17	.28410	.39685	.29640	.42126	.30891	.44698	.32163	.47411	17
18	.28431	.39725	.29661	.42168	.30912	.44742	.32184	.47458	18
19	.28451	.39764	.29681	.42210	.30933	.44787	.32205	.47504	19
20	.28471	.39804	.29702	.42251	.30954	.44831	.32227	.47551	20
21	.28492	.39844	.29723	.42293	.30975	.44875	.32248	.47598	21
22	.28512	.39884	.29743	.42335	.30996	.44919	.32270	.47644	22
23	.28532	.39924	.29764	.42377	.31017	.44963	.32291	.47691	23
24	.28553	.39963	.29785	.42419	.31038	.45007	.32312	.47738	24
25	.28573	.40003	.29805	.42461	.31059	.45052	.32334	.47784	25
26	.28593	.40043	.29826	.42503	.31080	.45096	.32355	.47831	26
27	.28614	.40083	.29847	.42545	.31101	.45141	.32377	.47878	27
28	.28634	.40123	.29868	.42587	.31122	.45185	.32398	.47925	28
29	.28655	.40163	.29888	.42630	.31143	.45229	.32420	.47972	29
30	.28675	.40203	.29909	.42672	.31165	.45274	.32441	.48019	30
31	.28695	.40243	.29930	.42714	.31186	.45319	.32462	.48066	31
32	.28716	.40283	.29951	.42756	.31207	.45363	.32484	.48113	32
33	.28736	.40324	.29971	.42799	.31228	.45408	.32505	.48160	33
34	.28757	.40364	.29992	.42841	.31249	.45452	.32527	.48207	34
35	.28777	.40404	.30013	.42883	.31270	.45497	.32548	.48254	35
36	.28797	.40444	.30034	.42926	.31291	.45542	.32570	.48301	36
37	.28818	.40485	.30054	.42968	.31312	.45587	.32591	.48349	37
38	.28838	.40525	.30075	.43011	.31334	.45631	.32613	.48396	38
39	.28859	.40565	.30096	.43053	.31355	.45676	.32634	.48443	39
40	.28879	.40606	.30117	.43096	.31376	.45721	.32656	.48491	40
41	.28900	.40646	.30138	.43139	.31397	.45766	.32677	.48538	41
42	.28920	.40687	.30158	.43181	.31418	.45811	.32699	.48586	42
43	.28941	.40727	.30179	.43224	.31439	.45856	.32720	.48633	43
44	.28961	.40768	.30200	.43267	.31461	.45901	.32742	.48681	44
45	.28981	.40808	.30221	.43310	.31482	.45946	.32763	.48728	45
46	.29002	.40849	.30242	.43352	.31503	.45992	.32785	.48776	46
47	.29022	.40890	.30263	.43395	.31524	.46037	.32806	.48824	47
48	.29043	.40930	.30283	.43438	.31545	.46082	.32828	.48871	48
49	.29063	.40971	.30304	.43481	.31567	.46127	.32849	.48919	49
50	.29084	.41012	.30325	.43524	.31588	.46173	.32871	.48967	50
51	.29104	.41053	.30346	.43567	.31609	.46218	.32893	.49015	51
52	.29125	.41093	.30367	.43610	.31630	.46263	.32914	.49063	52
53	.29145	.41134	.30388	.43653	.31651	.46309	.32936	.49111	53
54	.29166	.41175	.30409	.43696	.31673	.46354	.32957	.49159	54
55	.29187	.41216	.30430	.43739	.31694	.46400	.32979	.49207	55
56	.29207	.41257	.30451	.43783	.31715	.46445	.33001	.49255	56
57	.29228	.41298	.30471	.43826	.31736	.46491	.33022	.49303	57
58	.29248	.41339	.30492	.43869	.31758	.46537	.33044	.49351	58
59	.29269	.41380	.30513	.43912	.31779	.46582	.33065	.49399	59
60	.29289	.41421	.30534	.43956	.31800	.46628	.33087	.49448	60

NATURAL VERSED SINES AND EXTERNAL SECANTS.

′	48°		49°		50°		51°		′
	Vers.	Ex. sec.	Vers.	Ex. sec.	Vers.	Ex. sec.	Vers.	Ex. sec.	
0	.33087	.49448	.34394	.52425	.35721	.55572	.37068	.58902	0
1	.33109	.49496	.34416	.52476	.35744	.55626	.37091	.58959	1
2	.33130	.49544	.34438	.52527	.35766	.55680	.37113	.59016	2
3	.33152	.49593	.34460	.52579	.35788	.55734	.37136	.59073	3
4	.33173	.49641	.34482	.52630	.35810	.55789	.37158	.59130	4
5	.33195	.49690	.34504	.52681	.35833	.55843	.37181	.59188	5
6	.33217	.49738	.34526	.52732	.35855	.55897	.37204	.59245	6
7	.33238	.49787	.34548	.52784	.35877	.55951	.37226	.59302	7
8	.33260	.49835	.34570	.52835	.35900	.56005	.37249	.59360	8
9	.33282	.49884	.34592	.52886	.35922	.56060	.37272	.59418	9
10	.33303	.49933	.34614	.52938	.35944	.56114	.37294	.59475	10
11	.33325	.49981	.34636	.52989	.35967	.56169	.37317	.59533	11
12	.33347	.50030	.34658	.53041	.35989	.56223	.37340	.59590	12
13	.33368	.50079	.34680	.53092	.36011	.56278	.37362	.59648	13
14	.33390	.50128	.34702	.53144	.36034	.56332	.37385	.59706	14
15	.33412	.50177	.34724	.53196	.36056	.56387	.37408	.59764	15
16	.33434	.50226	.34746	.53247	.36078	.56442	.37430	.59822	16
17	.33455	.50275	.34768	.53299	.36101	.56497	.37453	.59880	17
18	.33477	.50324	.34790	.53351	.36123	.56551	.37476	.59938	18
19	.33499	.50373	.34812	.53403	.36146	.56606	.37498	.59996	19
20	.33520	.50422	.34834	.53455	.36168	.56661	.37521	.60054	20
21	.33542	.50471	.34856	.53507	.36190	.56716	.37544	.60112	21
22	.33564	.50521	.34878	.53559	.36213	.56771	.37567	.60171	22
23	.33586	.50570	.34900	.53611	.36235	.56826	.37589	.60229	23
24	.33607	.50619	.34923	.53663	.36258	.56881	.37612	.60287	24
25	.33629	.50669	.34945	.53715	.36280	.56937	.37635	.60346	25
26	.33651	.50718	.34967	.53768	.36302	.56992	.37658	.60404	26
27	.33673	.50767	.34989	.53820	.36325	.57047	.37680	.60463	27
28	.33694	.50817	.35011	.53872	.36347	.57103	.37703	.60521	28
29	.33716	.50866	.35033	.53924	.36370	.57158	.37726	.60580	29
30	.33738	.50916	.35055	.53977	.36392	.57213	.37749	.60639	30
31	.33760	.50966	.35077	.54029	.36415	.57269	.37771	.60698	31
32	.33782	.51015	.35099	.54082	.36437	.57324	.37794	.60756	32
33	.33803	.51065	.35122	.54134	.36460	.57380	.37817	.60815	33
34	.33825	.51115	.35144	.54187	.36482	.57436	.37840	.60874	34
35	.33847	.51165	.35166	.54240	.36504	.57491	.37862	.60933	35
36	.33869	.51215	.35188	.54292	.36527	.57547	.37885	.60992	36
37	.33891	.51265	.35210	.54345	.36549	.57603	.37908	.61051	37
38	.33912	.51314	.35232	.54398	.36572	.57659	.37931	.61111	38
39	.33934	.51364	.35254	.54451	.36594	.57715	.37954	.61170	39
40	.33956	.51415	.35277	.54504	.36617	.57771	.37976	.61229	40
41	.33978	.51465	.35299	.54557	.36639	.57827	.37999	.61288	41
42	.34000	.51515	.35321	.54610	.36662	.57883	.38022	.61348	42
43	.34022	.51565	.35343	.54663	.36684	.57939	.38045	.61407	43
44	.34044	.51615	.35365	.54716	.36707	.57995	.38068	.61467	44
45	.34065	.51665	.35388	.54769	.36729	.58051	.38091	.61526	45
46	.34087	.51716	.35410	.54822	.36752	.58108	.38113	.61586	46
47	.34109	.51766	.35432	.54876	.36775	.58164	.38136	.61646	47
48	.34131	.51817	.35454	.54929	.36797	.58221	.38159	.61705	48
49	.34153	.51867	.35476	.54982	.36820	.58277	.38182	.61765	49
50	.34175	.51918	.35499	.55036	.36842	.58333	.38205	.61825	50
51	.34197	.51968	.35521	.55089	.36865	.58390	.38228	.61885	51
52	.34219	.52019	.35543	.55143	.36887	.58447	.38251	.61945	52
53	.34241	.52069	.35565	.55196	.36910	.58503	.38274	.62005	53
54	.34262	.52120	.35588	.55250	.36932	.58560	.38296	.62065	54
55	.34284	.52171	.35610	.55303	.36955	.58617	.38319	.62125	55
56	.34306	.52222	.35632	.55357	.36978	.58674	.38342	.62185	56
57	.34328	.52273	.35654	.55411	.37000	.58731	.38365	.62246	57
58	.34350	.52323	.35677	.55465	.37023	.58788	.38388	.62306	58
59	.34372	.52374	.35699	.55518	.37045	.58845	.38411	.62366	59
60	.34394	.52425	.35721	.55572	.37068	.58902	.38434	.62427	60

NATURAL VERSED SINES AND EXTERNAL SECANTS.

′	52°		53°		54°		55°		′
	Vers.	Ex. sec.	Vers.	Ex. sec.	Vers.	Ex. sec.	Vers.	Ex. sec.	
0	.38434	.62427	.39819	.66164	.41221	.70130	.42642	.74345	0
1	.38457	.62487	.39842	.66228	.41245	.70198	.42666	.74417	1
2	.38480	.62548	.39865	.66292	.41269	.70267	.42690	.74490	2
3	.38503	.62609	.39888	.66357	.41292	.70335	.42714	.74562	3
4	.38526	.62669	.39911	.66421	.41316	.70403	.42738	.74635	4
5	.38549	.62730	.39935	.66486	.41339	.70472	.42762	.74708	5
6	.38571	.62791	.39958	.66550	.41363	.70540	.42785	.74781	6
7	.38594	.62852	.39981	.66615	.41386	.70609	.42809	.74854	7
8	.38617	.62913	.40005	.66679	.41410	.70677	.42833	.74927	8
9	.38640	.62974	.40028	.66744	.41433	.70746	.42857	.75000	9
10	.38663	.63035	.40051	.66809	.41457	.70815	.42881	.75073	10
11	.38686	.63096	.40074	.66873	.41481	.70884	.42905	.75146	11
12	.38709	.63157	.40098	.66938	.41504	.70953	.42929	.75219	12
13	.38732	.63218	.40121	.67003	.41528	.71022	.42953	.75293	13
14	.38755	.63279	.40144	.67068	.41551	.71091	.42976	.75366	14
15	.38778	.63341	.40168	.67133	.41575	.71160	.43000	.75440	15
16	.38801	.63402	.40191	.67199	.41599	.71229	.43024	.75513	16
17	.38824	.63464	.40214	.67264	.41622	.71298	.43048	.75587	17
18	.38847	.63525	.40237	.67329	.41646	.71368	.43072	.75661	18
19	.38870	.63587	.40261	.67394	.41670	.71437	.43096	.75734	19
20	.38893	.63648	.40284	.67460	.41693	.71506	.43120	.75808	20
21	.38916	.63710	.40307	.67525	.41717	.71576	.43144	.75882	21
22	.38939	.63772	.40331	.67591	.41740	.71646	.43168	.75956	22
23	.38962	.63834	.40354	.67656	.41764	.71715	.43192	.76031	23
24	.38985	.63895	.40378	.67722	.41788	.71785	.43216	.76105	24
25	.39009	.63957	.40401	.67788	.41811	.71855	.43240	.76179	25
26	.39032	.64019	.40424	.67853	.41835	.71925	.43264	.76253	26
27	.39055	.64081	.40448	.67919	.41859	.71995	.43287	.76328	27
28	.39078	.64144	.40471	.67985	.41882	.72065	.43311	.76402	28
29	.39101	.64206	.40494	.68051	.41906	.72135	.43335	.76477	29
30	.39124	.64268	.40518	.68117	.41930	.72205	.43359	.76552	30
31	.39147	.64330	.40541	.68183	.41953	.72275	.43383	.76626	31
32	.39170	.64393	.40565	.68250	.41977	.72346	.43407	.76701	32
33	.39193	.64455	.40588	.68316	.42001	.72416	.43431	.76776	33
34	.39216	.64518	.40611	.68382	.42024	.72487	.43455	.76851	34
35	.39239	.64580	.40635	.68449	.42048	.72557	.43479	.76926	35
36	.39262	.64643	.40658	.68515	.42072	.72628	.43503	.77001	36
37	.39286	.64705	.40682	.68582	.42096	.72698	.43527	.77077	37
38	.39309	.64768	.40705	.68648	.42119	.72769	.43551	.77152	38
39	.39332	.64831	.40728	.68715	.42143	.72840	.43575	.77227	39
40	.39355	.64894	.40752	.68782	.42167	.72911	.43599	.77303	40
41	.39378	.64957	.40775	.68848	.42191	.72982	.43623	.77378	41
42	.39401	.65020	.40799	.68915	.42214	.73053	.43647	.77454	42
43	.39424	.65083	.40822	.68982	.42238	.73124	.43671	.77530	43
44	.39447	.65146	.40846	.69049	.42262	.73195	.43695	.77606	44
45	.39471	.65209	.40869	.69116	.42285	.73267	.43720	.77681	45
46	.39494	.65272	.40893	.69183	.42309	.73338	.43744	.77757	46
47	.39517	.65336	.40916	.69250	.42333	.73409	.43768	.77833	47
48	.39540	.65399	.40939	.69318	.42357	.73481	.43792	.77910	48
49	.39563	.65462	.40963	.69385	.42381	.73552	.43816	.77986	49
50	.39586	.65526	.40986	.69452	.42404	.73624	.43840	.78062	50
51	.39610	.65589	.41010	.69520	.42428	.73696	.43864	.78138	51
52	.39633	.65653	.41033	.69587	.42452	.73768	.43888	.78215	52
53	.39656	.65717	.41057	.69655	.42476	.73840	.43912	.78291	53
54	.39679	.65780	.41080	.69723	.42499	.73911	.43936	.78368	54
55	.39702	.65844	.41104	.69790	.42523	.73983	.43960	.78445	55
56	.39726	.65908	.41127	.69858	.42547	.74056	.43984	.78521	56
57	.39749	.65972	.41151	.69926	.42571	.74128	.44008	.78598	57
58	.39772	.66036	.41174	.69994	.42595	.74200	.44032	.78675	58
59	.39795	.66100	.41198	.70062	.42619	.74272	.44057	.78752	59
60	.39819	.66164	.41221	.70130	.42642	.74345	.44081	.78829	60

NATURAL VERSED SINES AND EXTERNAL SECANTS.

′	56°		57°		58°		59°		′
	Vers.	Ex. sec.	Vers.	Ex. sec.	Vers.	Ex. sec.	Vers.	Ex. sec.	
0	.44081	.78829	.45536	.83608	.47008	.88708	.48496	.94160	0
1	.44105	.78906	.45560	.83690	.47033	.88796	.48521	.94254	1
2	.44129	.78984	.45585	.83773	.47057	.88884	.48546	.94349	2
3	.44153	.79061	.45609	.83855	.47082	.88972	.48571	.94443	3
4	.44177	.79138	.45634	.83938	.47107	.89060	.48596	.94537	4
5	.44201	.79216	.45658	.84020	.47131	.89148	.48621	.94632	5
6	.44225	.79293	.45683	.84103	.47156	.89237	.48646	.94726	6
7	.44250	.79371	.45707	.84186	.47181	.89325	.48671	.94821	7
8	.44274	.79449	.45731	.84269	.47206	.89414	.48696	.94916	8
9	.44298	.79527	.45756	.84352	.47230	.89503	.48721	.95011	9
10	.44322	.79604	.45780	.84435	.47255	.89591	.48746	.95106	10
11	.44346	.79682	.45805	.84518	.47280	.89680	.48771	.95201	11
12	.44370	.79761	.45829	.84601	.47304	.89769	.48796	.95296	12
13	.44395	.79839	.45854	.84685	.47329	.89858	.48821	.95392	13
14	.44419	.79917	.45878	.84768	.47354	.89948	.48846	.95487	14
15	.44443	.79995	.45903	.84852	.47379	.90037	.48871	.95583	15
16	.44467	.80074	.45927	.84935	.47403	.90126	.48896	.95678	16
17	.44491	.80152	.45951	.85019	.47428	.90216	.48921	.95774	17
18	.44516	.80231	.45976	.85103	.47453	.90305	.48946	.95870	18
19	.44540	.80309	.46000	.85187	.47478	.90395	.48971	.95966	19
20	.44564	.80388	.46025	.85271	.47502	.90485	.48996	.96062	20
21	.44588	.80467	.46049	.85355	.47527	.90575	.49021	.96158	21
22	.44612	.80546	.46074	.85439	.47552	.90665	.49046	.96255	22
23	.44637	.80625	.46098	.85523	.47577	.90755	.49071	.96351	23
24	.44661	.80704	.46123	.85608	.47601	.90845	.49096	.96448	24
25	.44685	.80783	.46147	.85692	.47626	.90935	.49121	.96544	25
26	.44709	.80862	.46172	.85777	.47651	.91026	.49146	.96641	26
27	.44734	.80942	.46196	.85861	.47676	.91116	.49171	.96738	27
28	.44758	.81021	.46221	.85946	.47701	.91207	.49196	.96835	28
29	.44782	.81101	.46246	.86031	.47725	.91297	.49221	.96932	29
30	.44806	.81180	.46270	.86116	.47750	.91388	.49246	.97029	30
31	.44831	.81260	.46295	.86201	.47775	.91479	.49271	.97127	31
32	.44855	.81340	.46319	.86286	.47800	.91570	.49296	.97224	32
33	.44879	.81419	.46344	.86371	.47825	.91661	.49321	.97322	33
34	.44903	.81499	.46368	.86457	.47849	.91752	.49346	.97420	34
35	.44928	.81579	.46393	.86542	.47874	.91844	.49372	.97517	35
36	.44952	.81659	.46417	.86627	.47899	.91935	.49397	.97615	36
37	.44976	.81740	.46442	.86713	.47924	.92027	.49422	.97713	37
38	.45001	.81820	.46466	.86799	.47949	.92118	.49447	.97811	38
39	.45025	.81900	.46491	.86885	.47974	.92210	.49472	.97910	39
40	.45049	.81981	.46516	.86990	.47998	.92302	.49497	.98008	40
41	.45073	.82061	.46540	.87056	.48023	.92394	.49522	.98107	41
42	.45098	.82142	.46565	.87142	.48048	.92486	.49547	.98205	42
43	.45122	.82222	.46589	.87229	.48073	.92578	.49572	.98304	43
44	.45146	.82303	.46614	.87315	.48098	.92670	.49597	.98403	44
45	.45171	.82384	.46639	.87401	.48123	.92762	.49623	.98502	45
46	.45195	.82465	.46663	.87488	.48148	.92855	.49648	.98601	46
47	.45219	.82546	.46688	.87574	.48172	.92947	.49673	.98700	47
48	.45244	.82627	.46712	.87661	.48197	.93040	.49698	.98799	48
49	.45268	.82709	.46737	.87748	.48222	.93133	.49723	.98899	49
50	.45292	.82790	.46762	.87834	.48247	.93226	.49748	.98998	50
51	.45317	.82871	.46786	.87921	.48272	.93319	.49773	.99098	51
52	.45341	.82953	.46811	.88008	.48297	.93412	.49799	.99198	52
53	.45365	.83034	.46836	.88095	.48322	.93505	.49824	.99298	53
54	.45390	.83116	.46860	.88183	.48347	.93598	.49849	.99398	54
55	.45414	.83198	.46885	.88270	.48372	.93692	.49874	.99498	55
56	.45439	.83280	.46909	.88357	.48396	.93785	.49899	.99598	56
57	.45463	.83362	.46934	.88445	.48421	.93879	.49924	.99698	57
58	.45487	.83444	.46959	.88532	.48446	.93973	.49950	.99799	58
59	.45512	.83526	.46983	.88620	.48471	.94066	.49975	.99899	59
60	.45536	.83608	.47008	.88708	.48496	.94160	.50000	1.00000	60

NATURAL VERSED SINES AND EXTERNAL SECANTS.

,	60°		61°		62°		63°		,
	Vers.	Ex. se	Vers.	Ex. sec.	Vers.	Ex. sec.	Vers.	Ex. sec.	
0	.50000	1.00000	.51519	1.06267	.53053	1.13005	.54601	1.20269	0
1	.50025	1.00101	.51544	1.06375	.53079	1.13122	.54627	1.20395	1
2	.50050	1.00202	.51570	1.06483	.53104	1.13239	.54653	1.20521	2
3	.50076	1.00303	.51595	1.06592	.53130	1.13356	.54679	1.20647	3
4	.50101	1.00404	.51621	1.06701	.53156	1.13473	.54705	1.20773	4
5	.50126	1.00505	.51646	1.06809	.53181	1.13590	.54731	1.20900	5
6	.50151	1.00607	.51672	1.06918	.53207	1.13707	.54757	1.21026	6
7	.50176	1.00708	.51697	1.07027	.53233	1.13825	.54782	1.21153	7
8	.50202	1.00810	.51723	1.07137	.53258	1.13942	.54808	1.21280	8
9	.50227	1.00912	.51748	1.07246	.53284	1.14060	.54834	1.21407	9
10	.50252	1.01014	.51774	1.07356	.53310	1.14178	.54860	1.21535	10
11	.50277	1.01116	.51799	1.07465	.53336	1.14296	.54886	1.21662	11
12	.50303	1.01218	.51825	1.07575	.53361	1.14414	.54912	1.21790	12
13	.50328	1.01320	.51850	1.07685	.53387	1.14533	.54938	1.21918	13
14	.50353	1.01422	.51876	1.07795	.53413	1.14651	.54964	1.22045	14
15	.50378	1.01525	.51901	1.07905	.53439	1.14770	.54990	1.22174	15
16	.50404	1.01628	.51927	1.08015	.53464	1.14889	.55016	1.22302	16
17	.50429	1.01730	.51952	1.08126	.53490	1.15008	.55042	1.22430	17
18	.50454	1.01833	.51978	1.08236	.53516	1.15127	.55068	1.22559	18
19	.50479	1.01936	.52003	1.08347	.53542	1.15246	.55094	1.22688	19
20	.50505	1.02039	.52029	1.08458	.53567	1.15366	.55120	1.22817	20
21	.50530	1.02143	.52054	1.08569	.53593	1.15485	.55146	1.22946	21
22	.50555	1.02246	.52080	1.08680	.53619	1.15605	.55172	1.23075	22
23	.50581	1.02349	.52105	1.08791	.53645	1.15725	.55198	1.23205	23
24	.50606	1.02453	.52131	1.08903	.53670	1.15845	.55224	1.23334	24
25	.50631	1.02557	.52156	1.09014	.53696	1.15965	.55250	1.23464	25
26	.50656	1.02661	.52182	1.09126	.53722	1.16085	.55276	1.23594	26
27	.50682	1.02765	.52207	1.09238	.53748	1.16206	.55302	1.23724	27
28	.50707	1.02869	.52233	1.09350	.53774	1.16326	.55328	1.23855	28
29	.50732	1.02973	.52259	1.09462	.53799	1.16447	.55354	1.23985	29
30	.50758	1.03077	.52284	1.09574	.53825	1.16568	.55380	1.24116	30
31	.50783	1.03182	.52310	1.09686	.53851	1.16689	.55406	1.24247	31
32	.50808	1.03286	.52335	1.09799	.53877	1.16810	.55432	1.24378	32
33	.50834	1.03391	.52361	1.09911	.53903	1.16932	.55458	1.24509	33
34	.50859	1.03496	.52386	1.10024	.53928	1.17053	.55484	1.24640	34
35	.50884	1.03601	.52412	1.10137	.53954	1.17175	.55510	1.24772	35
36	.50910	1.03706	.52438	1.10250	.53980	1.17297	.55536	1.24903	36
37	.50935	1.03811	.52463	1.10363	.54006	1.17419	.55563	1.25035	37
38	.50960	1.03916	.52489	1.10477	.54032	1.17541	.55589	1.25167	38
39	.50986	1.04022	.52514	1.10590	.54058	1.17663	.55615	1.25300	39
40	.51011	1.04128	.52540	1.10704	.54083	1.17786	.55641	1.25432	40
41	.51036	1.04233	.52566	1.10817	.54109	1.17909	.55667	1.25565	41
42	.51062	1.04339	.52591	1.10931	.54135	1.18031	.55693	1.25697	42
43	.51087	1.04445	.52617	1.11045	.54161	1.18154	.55719	1.25830	43
44	.51113	1.04551	.52642	1.11159	.54187	1.18277	.55745	1.25963	44
45	.51138	1.04658	.52668	1.11274	.54213	1.18401	.55771	1.26097	45
46	.51163	1.04764	.52694	1.11388	.54238	1.18524	.55797	1.26230	46
47	.51189	1.04870	.52719	1.11503	.54264	1.18648	.55823	1.26364	47
48	.51214	1.04977	.52745	1.11617	.54290	1.18772	.55849	1.26498	48
49	.51239	1.05084	.52771	1.11732	.54316	1.18895	.55876	1.26632	49
50	.51265	1.05191	.52796	1.11847	.54342	1.19019	.55902	1.26766	50
51	.51290	1.05298	.52822	1.11963	.54368	1.19144	.55928	1.26900	51
52	.51316	1.05405	.52848	1.12078	.54394	1.19268	.55954	1.27035	52
53	.51341	1.05512	.52873	1.12193	.54420	1.19393	.55980	1.27169	53
54	.51366	1.05619	.52899	1.12309	.54446	1.19517	.56006	1.27304	54
55	.51392	1.05727	.52924	1.12425	.54471	1.19642	.56032	1.27439	55
56	.51417	1.05835	.52950	1.12540	.54497	1.19767	.56058	1.27574	56
57	.51443	1.05942	.52976	1.12657	.54523	1.19892	.56084	1.27710	57
58	.51468	1.06050	.53001	1.12773	.54549	1.20018	.56111	1.27845	58
59	.51494	1.06158	.53027	1.12889	.54575	1.20143	.56137	1.27981	59
60	.51519	1.06267	.53053	1.13005	.54601	1.20269	.56163	1.28117	60

NATURAL VERSED SINES AND EXTERNAL SECANTS.

	64°		65°		66°		67°		
′	Vers.	Ex. sec.	Vers.	Ex. sec.	Vers.	Ex. sec.	Vers.	Ex. sec.	′
0	.56163	1.28117	.57738	1.36620	.59326	1.45859	.60927	1.55930	0
1	.56189	1.28253	.57765	1.36768	.59353	1.46020	.60954	1.56106	1
2	.56215	1.28390	.57791	1.36916	.59379	1.46181	.60980	1.56282	2
3	.56241	1.28526	.57817	1.37064	.59406	1.46342	.61007	1.56458	3
4	.56267	1.28663	.57844	1.37212	.59433	1.46504	.61034	1.56634	4
5	.56294	1.28800	.57870	1.37361	.59459	1.46665	.61061	1.56811	5
6	.56320	1.28937	.57896	1.37509	.59486	1.46827	.61088	1.56988	6
7	.56346	1.29074	.57923	1.37658	.59513	1.46989	.61114	1.57165	7
8	.56372	1.29211	.57949	1.37808	.59539	1.47152	.61141	1.57342	8
9	.56398	1.29349	.57976	1.37957	.59566	1.47314	.61168	1.57520	9
10	.56425	1.29487	.58002	1.38107	.59592	1.47477	.61195	1.57698	10
11	.56451	1.29625	.58029	1.38256	.59619	1.47640	.61222	1.57876	11
12	.56477	1.29763	.58055	1.38406	.59645	1.47804	.61248	1.58054	12
13	.56503	1.29901	.58081	1.38556	.59672	1.47967	.61275	1.58233	13
14	.56529	1.30040	.58108	1.38707	.59699	1.48131	.61302	1.58412	14
15	.56555	1.30179	.58134	1.38857	.59725	1.48295	.61329	1.58591	15
16	.56582	1.30318	.58160	1.39008	.59752	1.48459	.61356	1.58771	16
17	.56608	1.30457	.58187	1.39159	.59779	1.48624	.61383	1.58950	17
18	.56634	1.30596	.58213	1.39311	.59805	1.48789	.61409	1.59130	18
19	.56660	1.30735	.58240	1.39462	.59832	1.48954	.61436	1.59311	19
20	.56687	1.30875	.58266	1.39614	.59859	1.49119	.61463	1.59491	20
21	.56713	1.31015	.58293	1.39766	.59885	1.49284	.61490	1.59672	21
22	.56739	1.31155	.58319	1.39918	.59912	1.49450	.61517	1.59853	22
23	.56765	1.31295	.58345	1.40070	.59938	1.49616	.61544	1.60035	23
24	.56791	1.31436	.58372	1.40222	.59965	1.49782	.61570	1.60217	24
25	.56818	1.31576	.58398	1.40375	.59992	1.49948	.61597	1.60399	25
26	.56844	1.31717	.58425	1.40528	.60018	1.50115	.61624	1.60581	26
27	.56870	1.31858	.58451	1.40681	.60045	1.50282	.61651	1.60763	27
28	.56896	1.31999	.58478	1.40835	.60072	1.50449	.61678	1.60946	28
29	.56923	1.32140	.58504	1.40988	.60098	1.50617	.61705	1.61129	29
30	.56949	1.32282	.58531	1.41142	.60125	1.50784	.61732	1.61313	30
31	.56975	1.32424	.58557	1.41296	.60152	1.50952	.61759	1.61496	31
32	.57001	1.32566	.58584	1.41450	.60178	1.51120	.61785	1.61680	32
33	.57028	1.32708	.58610	1.41605	.60205	1.51289	.61812	1.61864	33
34	.57054	1.32850	.58637	1.41760	.60232	1.51457	.61839	1.62049	34
35	.57080	1.32993	.58663	1.41914	.60259	1.51626	.61866	1.62234	35
36	.57106	1.33135	.58690	1.42070	.60285	1.51795	.61893	1.62419	36
37	.57133	1.33278	.58716	1.42225	.60312	1.51965	.61920	1.62604	37
38	.57159	1.33422	.58743	1.42380	.60339	1.52134	.61947	1.62790	38
39	.57185	1.33565	.58769	1.42536	.60365	1.52304	.61974	1.62976	39
40	.57212	1.33708	.58796	1.42692	.60392	1.52474	.62001	1.63162	40
41	.57238	1.33852	.58822	1.42848	.60419	1.52645	.62027	1.63348	41
42	.57264	1.33996	.58849	1.43005	.60445	1.52815	.62054	1.63535	42
43	.57291	1.34140	.58875	1.43162	.60472	1.52986	.62081	1.63722	43
44	.57317	1.34284	.58902	1.43318	.60499	1.53157	.62108	1.63909	44
45	.57343	1.34429	.58928	1.43476	.60526	1.53329	.62135	1.64097	45
46	.57369	1.34573	.58955	1.43633	.60552	1.53500	.62162	1.64285	46
47	.57396	1.34718	.58981	1.43790	.60579	1.53672	.62189	1.64473	47
48	.57422	1.34863	.59008	1.43948	.60606	1.53845	.62216	1.64662	48
49	.57448	1.35009	.59034	1.44106	.60633	1.54017	.62243	1.64851	49
50	.57475	1.35154	.59061	1.44264	.60659	1.54190	.62270	1.65040	50
51	.57501	1.35300	.59087	1.44423	.60686	1.54363	.62297	1.65229	51
52	.57527	1.35446	.59114	1.44582	.60713	1.54536	.62324	1.65419	52
53	.57554	1.35592	.59140	1.44741	.60740	1.54709	.62351	1.65609	53
54	.57580	1.35738	.59167	1.44900	.60766	1.54883	.62378	1.65799	54
55	.57606	1.35885	.59194	1.45059	.60793	1.55057	.62405	1.65989	55
56	.57633	1.36031	.59220	1.45219	.60820	1.55231	.62431	1.66180	56
57	.57659	1.36178	.59247	1.45378	.60847	1.55405	.62458	1.66371	57
58	.57685	1.36325	.59273	1.45539	.60873	1.55580	.62485	1.66563	58
59	.57712	1.36473	.59300	1.45699	.60900	1.55755	.62512	1.66755	59
60	.57738	1.36620	.59326	1.45859	.60927	1.55930	.62539	1.66947	60

NATURAL VERSED SINES AND EXTERNAL SECANTS.

′	68° Vers.	68° Ex. sec.	69° Vers.	69° Ex. sec.	70° Vers.	70° Ex. sec.	71° Vers.	71° Ex. sec.	′
0	.62539	1.66947	.64163	1.79043	.65796	1.92380	.67443	2.07155	0
1	.62566	1.67139	.64190	1.79254	.65825	1.92614	.67471	2.07415	1
2	.62593	1.67332	.64218	1.79466	.65853	1.92849	.67498	2.07675	2
3	.62620	1.67525	.64245	1.79679	.65880	1.93083	.67526	2.07936	3
4	.62647	1.67718	.64272	1.79891	.65907	1.93318	.67553	2.08197	4
5	.62674	1.67911	.64299	1.80104	.65935	1.93554	.67581	2.08459	5
6	.62701	1.68105	.64326	1.80318	.65962	1.93790	.67608	2.08721	6
7	.62728	1.68299	.64353	1.80531	.65989	1.94026	.67636	2.08983	7
8	.62755	1.68494	.64381	1.80746	.66017	1.94263	.67663	2.09246	8
9	.62782	1.68689	.64408	1.80960	.66044	1.94500	.67691	2.09510	9
10	.62809	1.68884	.64435	1.81175	.66071	1.94737	.67718	2.09774	10
11	.62836	1.69079	.64462	1.81390	.66099	1.94975	.67746	2.10038	11
12	.62863	1.69275	.64489	1.81605	.66126	1.95213	.67773	2.10303	12
13	.62890	1.69471	.64517	1.81821	.66154	1.95452	.67801	2.10568	13
14	.62917	1.69667	.64544	1.82037	.66181	1.95691	.67829	2.10834	14
15	.62944	1.69864	.64571	1.82254	.66208	1.95931	.67856	2.11101	15
16	.62971	1.70061	.64598	1.82471	.66236	1.96171	.67884	2.11367	16
17	.62998	1.70258	.64625	1.82688	.66263	1.96411	.67911	2.11635	17
18	.63025	1.70455	.64653	1.82906	.66290	1.96652	.67939	2.11903	18
19	.63052	1.70653	.64680	1.83124	.66318	1.96893	.67966	2.12171	19
20	.63079	1.70851	.64707	1.83342	.66345	1.97135	.67994	2.12440	20
21	.63106	1.71050	.64734	1.83561	.66373	1.97377	.68021	2.12709	21
22	.63133	1.71249	.64761	1.83780	.66400	1.97619	.68049	2.12979	22
23	.63161	1.71448	.64789	1.83999	.66427	1.97862	.68077	2.13249	23
24	.63188	1.71647	.64816	1.84219	.66455	1.98106	.68104	2.13520	24
25	.63215	1.71847	.64843	1.84439	.66482	1.98349	.68132	2.13791	25
26	.63242	1.72047	.64870	1.84659	.66510	1.98594	.68159	2.14063	26
27	.63269	1.72247	.64898	1.84880	.66537	1.98838	.68187	2.14335	27
28	.63296	1.72448	.64925	1.85102	.66564	1.99083	.68214	2.14608	28
29	.63323	1.72649	.64952	1.85323	.66592	1.99329	.68242	2.14881	29
30	.63350	1.72850	.64979	1.85545	.66619	1.99574	.68270	2.15155	30
31	.63377	1.73052	.65007	1.85767	.66647	1.99821	.68297	2.15429	31
32	.63404	1.73254	.65034	1.85990	.66674	2.00067	.68325	2.15704	32
33	.63431	1.73456	.65061	1.86213	.66702	2.00315	.68352	2.15979	33
34	.63458	1.73659	.65088	1.86437	.66729	2.00562	.68380	2.16255	34
35	.63485	1.73862	.65116	1.86661	.66756	2.00810	.68408	2.16531	35
36	.63512	1.74065	.65143	1.86885	.66784	2.01059	.68435	2.16808	36
37	.63539	1.74269	.65170	1.87109	.66811	2.01308	.68463	2.17085	37
38	.63566	1.74473	.65197	1.87334	.66839	2.01557	.68490	2.17363	38
39	.63594	1.74677	.65225	1.87560	.66866	2.01807	.68518	2.17641	39
40	.63621	1.74881	.65252	1.87785	.66894	2.02057	.68546	2.17920	40
41	.63648	1.75086	.65279	1.88011	.66921	2.02308	.68573	2.18199	41
42	.63675	1.75292	.65306	1.88238	.66949	2.02559	.68601	2.18479	42
43	.63702	1.75497	.65334	1.88465	.66976	2.02810	.68628	2.18759	43
44	.63729	1.75703	.65361	1.88692	.67003	2.03062	.68656	2.19040	44
45	.63756	1.75909	.65388	1.88920	.67031	2.03315	.68684	2.19322	45
46	.63783	1.76116	.65416	1.89148	.67058	2.03568	.68711	2.19604	46
47	.63810	1.76323	.65443	1.89376	.67086	2.03821	.68739	2.19886	47
48	.63838	1.76530	.65470	1.89605	.67113	2.04075	.68767	2.20169	48
49	.63865	1.76737	.65497	1.89834	.67141	2.04329	.68794	2.20453	49
50	.63892	1.76945	.65525	1.90063	.67168	2.04584	.68822	2.20737	50
51	.63919	1.77154	.65552	1.90293	.67196	2.04839	.68849	2.21021	51
52	.63946	1.77362	.65579	1.90524	.67223	2.05094	.68877	2.21306	52
53	.63973	1.77571	.65607	1.90754	.67251	2.05350	.68905	2.21592	53
54	.64000	1.77780	.65634	1.90986	.67278	2.05607	.68932	2.21878	54
55	.64027	1.77990	.65661	1.91217	.67306	2.05864	.68960	2.22165	55
56	.64055	1.78200	.65689	1.91449	.67333	2.06121	.68988	2.22452	56
57	.64082	1.78410	.65716	1.91681	.67361	2.06379	.69015	2.22740	57
58	.64109	1.78621	.65743	1.91914	.67388	2.06637	.69043	2.23028	58
59	.64136	1.78832	.65771	1.92147	.67416	2.06896	.69071	2.23317	59
60	.64163	1.79043	.65798	1.92380	.67443	2.07155	.69098	2.23607	60

NATURAL VERSED SINES AND EXTERNAL SECANTS.

′	72° Vers.	72° Ex. sec.	73° Vers.	73° Ex. sec.	74° Vers.	74° Ex. sec.	75° Vers.	75° Ex. sec.	′
0	.69098	2.23607	.70763	2.42030	.72436	2.62796	.74118	2.86370	0
1	.69126	2.23897	.70791	2.42356	.72464	2.63164	.74146	2.86790	1
2	.69154	2.24187	.70818	2.42683	.72492	2.63533	.74174	2.87211	2
3	.69181	2.24478	.70846	2.43010	.72520	2.63903	.74202	2.87633	3
4	.69209	2.24770	.70874	2.43337	.72548	2.64274	.74231	2.88056	4
5	.69237	2.25062	.70902	2.43666	.72576	2.64645	.74259	2.88479	5
6	.69264	2.25355	.70930	2.43995	.72604	2.65018	.74287	2.88904	6
7	.69292	2.25648	.70958	2.44324	.72632	2.65391	.74315	2.89330	7
8	.69320	2.25942	.70985	2.44655	.72660	2.65765	.74343	2.89756	8
9	.69347	2.26237	.71013	2.44986	.72688	2.66140	.74371	2.90184	9
10	.69375	2.26531	.71041	2.45317	.72716	2.66515	.74399	2.90613	10
11	.69403	2.26827	.71069	2.45650	.72744	2.66892	.74427	2.91042	11
12	.69430	2.27123	.71097	2.45983	.72772	2.67269	.74455	2.91473	12
13	.69458	2.27420	.71125	2.46316	.72800	2.67647	.74484	2.91904	13
14	.69486	2.27717	.71153	2.46651	.72828	2.68025	.74512	2.92337	14
15	.69514	2.28015	.71180	2.46986	.72856	2.68405	.74540	2.92770	15
16	.69541	2.28313	.71208	2.47321	.72884	2.68785	.74568	2.93204	16
17	.69569	2.28612	.71236	2.47658	.72913	2.69167	.74596	2.93640	17
18	.69597	2.28912	.71264	2.47995	.72940	2.69549	.74624	2.94076	18
19	.69624	2.29212	.71292	2.48333	.72968	2.69931	.74652	2.94514	19
20	.69652	2.29512	.71320	2.48671	.72996	2.70315	.74680	2.94952	20
21	.69680	2.29814	.71348	2.49010	.73024	2.70700	.74709	2.95392	21
22	.69708	2.30115	.71375	2.49350	.73052	2.71085	.74737	2.95832	22
23	.69735	2.30418	.71403	2.49691	.73080	2.71471	.74765	2.96274	23
24	.69763	2.30721	.71431	2.50032	.73108	2.71858	.74793	2.96716	24
25	.69791	2.31024	.71459	2.50374	.73136	2.72246	.74821	2.97160	25
26	.69818	2.31328	.71487	2.50716	.73164	2.72635	.74849	2.97604	26
27	.69846	2.31633	.71515	2.51060	.73192	2.73024	.74878	2.98050	27
28	.69874	2.31939	.71543	2.51404	.73220	2.73414	.74906	2.98497	28
29	.69902	2.32244	.71571	2.51748	.73248	2.73806	.74934	2.98944	29
30	.69929	2.32551	.71598	2.52094	.73276	2.74198	.74962	2.99393	30
31	.69957	2.32858	.71626	2.52440	.73304	2.74591	.74990	2.99843	31
32	.69985	2.33166	.71654	2.52787	.73332	2.74984	.75018	3.00293	32
33	.70013	2.33474	.71682	2.53134	.73360	2.75379	.75047	3.00745	33
34	.70040	2.33783	.71710	2.53482	.73388	2.75775	.75075	3.01198	34
35	.70068	2.34092	.71738	2.53831	.73416	2.76171	.75103	3.01652	35
36	.70096	2.34403	.71766	2.54181	.73444	2.76568	.75131	3.02107	36
37	.70124	2.34713	.71794	2.54531	.73472	2.76966	.75159	3.02563	37
38	.70151	2.35025	.71822	2.54883	.73500	2.77365	.75187	3.03020	38
39	.70179	2.35336	.71850	2.55235	.73529	2.77765	.75216	3.03479	39
40	.70207	2.35649	.71877	2.55587	.73557	2.78166	.75244	3.03938	40
41	.70235	2.35962	.71905	2.55940	.73585	2.78568	.75272	3.04398	41
42	.70263	2.36276	.71933	2.56294	.73613	2.78970	.75300	3.04860	42
43	.70290	2.36590	.71961	2.56649	.73641	2.79374	.75328	3.05322	43
44	.70318	2.36905	.71989	2.57005	.73669	2.79778	.75356	3.05786	44
45	.70346	2.37221	.72017	2.57361	.73697	2.80183	.75385	3.06251	45
46	.70374	2.37537	.72045	2.57718	.73725	2.80589	.75413	3.06717	46
47	.70401	2.37854	.72073	2.58076	.73753	2.80996	.75441	3.07184	47
48	.70429	2.38171	.72101	2.58434	.73781	2.81404	.75469	3.07652	48
49	.70457	2.38489	.72129	2.58794	.73809	2.81813	.75497	3.08121	49
50	.70485	2.38808	.72157	2.59154	.73837	2.82223	.75526	3.08591	50
51	.70513	2.39128	.72185	2.59514	.73865	2.82633	.75554	3.09063	51
52	.70540	2.39448	.72213	2.59876	.73893	2.83045	.75582	3.09535	52
53	.70568	2.39768	.72241	2.60238	.73921	2.83457	.75610	3.10009	53
54	.70596	2.40089	.72269	2.60601	.73950	2.83871	.75639	3.10484	54
55	.70624	2.40411	.72296	2.60965	.73978	2.84285	.75667	3.10960	55
56	.70652	2.40734	.72324	2.61330	.74006	2.84700	.75695	3.11437	56
57	.70679	2.41057	.72352	2.61695	.74034	2.85116	.75723	3.11915	57
58	.70707	2.41381	.72380	2.62061	.74062	2.85533	.75751	3.12394	58
59	.70735	2.41705	.72408	2.62428	.74090	2.85951	.75780	3.12875	59
60	.70763	2.42030	.72436	2.62796	.74118	2.86370	.75808	3.13357	60

NATURAL VERSED SINES AND EXTERNAL SECANTS.

′	76°		77°		78°		79°		′
	Vers.	Ex. sec.	Vers.	Ex. sec.	Vers.	Ex. sec.	Vers.	Ex. sec.	
0	.75808	3.13357	.77505	3.44541	.79209	3.80973	.80919	4.24084	0
1	.75836	3.13839	.77563	3.45102	.79237	3.81633	.80948	4.24870	1
2	.75864	3.14323	.77562	3.45664	.79266	3.82294	.80976	4.25658	2
3	.75892	3.14809	.77590	3.46228	.79294	3.82956	.81005	4.26448	3
4	.75921	3.15295	.77618	3.46793	.79323	3.83621	.81033	4.27241	4
5	.75949	3.15782	.77647	3.47360	.79351	3.84288	.81062	4.28036	5
6	.75977	3.16271	.77675	3.47928	.79380	3.84956	.81090	4.28833	6
7	.76005	3.16761	.77708	3.48498	.79408	3.85627	.81119	4.29634	7
8	.76034	3.17252	.77732	3.49069	.79437	3.86299	.81148	4.30436	8
9	.76062	3.17744	.77760	3.49642	.79465	3.86973	.81176	4.31241	9
10	.76090	3.18238	.77788	3.50216	.79493	3.87649	.81205	4.32049	10
11	.76118	3.18733	.77817	3.50791	.79522	3.88327	.81233	4.32859	11
12	.76147	3.19228	.77845	3.51368	.79550	3.89007	.81262	4.33671	12
13	.76175	3.19725	.77874	3.51947	.79579	3.89689	.81290	4.34486	13
14	.76203	3.20224	.77902	3.52527	.79607	3.90373	.81319	4.35304	14
15	.76231	3.20723	.77930	3.53109	.79636	3.91058	.81348	4.36124	15
16	.76260	3.21224	.77959	3.53692	.79664	3.91746	.81376	4.36947	16
17	.76288	3.21726	.77987	3.54277	.79693	3.92436	.81405	4.37772	17
18	.76316	3.22229	.78015	3.54863	.79721	3.93128	.81433	4.38600	18
19	.76344	3.22734	.78044	3.55451	.79750	3.93821	.81462	4.39430	19
20	.76373	3.23239	.78072	3.56041	.79778	3.94517	.81491	4.40263	20
21	.76401	3.23746	.78101	3.56632	.79807	3.95215	.81519	4.41099	21
22	.76429	3.24255	.78129	3.57224	.79835	3.95914	.81548	4.41937	22
23	.76458	3.24764	.78157	3.57819	.79864	3.96616	.81576	4.42778	23
24	.76486	3.25275	.78186	3.58414	.79892	3.97320	.81605	4.43622	24
25	.76514	3.25787	.78214	3.59012	.79921	3.98025	.81633	4.44468	25
26	.76542	3.26300	.78242	3.59611	.79949	3.98733	.81662	4.45317	26
27	.76571	3.26814	.78271	3.60211	.79978	3.99443	.81691	4.46169	27
28	.76599	3.27330	.78299	3.60813	.80006	4.00155	.81719	4.47023	28
29	.76627	3.27847	.78328	3.61417	.80035	4.00869	.81748	4.47881	29
30	.76655	3.28366	.78356	3.62023	.80063	4.01585	.81776	4.48740	30
31	.76684	3.28885	.78384	3.62630	.80092	4.02303	.81805	4.49603	31
32	.76712	3.29406	.78413	3.63238	.80120	4.03024	.81834	4.50468	32
33	.76740	3.29929	.78441	3.63849	.80149	4.03746	.81862	4.51337	33
34	.76769	3.30452	.78470	3.64461	.80177	4.04471	.81891	4.52208	34
35	.76797	3.30977	.78498	3.65074	.80206	4.05197	.81919	4.53081	35
36	.76825	3.31503	.78526	3.65690	.80234	4.05926	.81948	4.53958	36
37	.76854	3.32031	.78555	3.66307	.80263	4.06657	.81977	4.54837	37
38	.76882	3.32560	.78583	3.66925	.80291	4.07390	.82005	4.55720	38
39	.76910	3.33090	.78612	3.67545	.80320	4.08125	.82034	4.56605	39
40	.76938	3.33622	.78640	3.68167	.80348	4.08863	.82063	4.57493	40
41	.76967	3.34154	.78669	3.68791	.80377	4.09602	.82091	4.58383	41
42	.76995	3.34689	.78697	3.69417	.80405	4.10344	.82120	4.59277	42
43	.77023	3.35224	.78725	3.70044	.80434	4.11088	.82148	4.60174	43
44	.77052	3.35761	.78754	3.70673	.80462	4.11835	.82177	4.61073	44
45	.77080	3.36299	.78782	3.71303	.80491	4.12583	.82206	4.61976	45
46	.77108	3.36839	.78811	3.71935	.80520	4.13334	.82234	4.62881	46
47	.77137	3.37380	.78839	3.72569	.80548	4.14087	.82263	4.63790	47
48	.77165	3.37923	.78868	3.73205	.80577	4.14842	.82292	4.64701	48
49	.77193	3.38466	.78896	3.73843	.80605	4.15599	.82320	4.65616	49
50	.77222	3.39012	.78924	3.74482	.80634	4.16359	.82349	4.66533	50
51	.77250	3.39558	.78953	3.75123	.80663	4.17121	.82377	4.67454	51
52	.77278	3.40106	.78981	3.75766	.80691	4.17886	.82406	4.68377	52
53	.77307	3.40656	.79010	3.76411	.80719	4.18652	.82435	4.69304	53
54	.77335	3.41206	.79038	3.77057	.80748	4.19421	.82463	4.70234	54
55	.77363	3.41759	.79067	3.77705	.80776	4.20193	.82492	4.71166	55
56	.77392	3.42312	.79095	3.78355	.80805	4.20966	.82521	4.72102	56
57	.77420	3.42867	.79123	3.79007	.80833	4.21742	.82549	4.73041	57
58	.77448	3.43424	.79152	3.79661	.80862	4.22521	.82578	4.73983	58
59	.77477	3.43982	.79180	3.80316	.80891	4.23301	.82607	4.74929	59
60	.77505	3.44541	.79209	3.80973	.80919	4.24084	.82635	4.75877	60

NATURAL VERSED SINES AND EXTERNAL SECANTS.

′	80° Vers.	80° Ex. sec.	81° Vers.	81° Ex. sec.	82° Vers.	82° Ex. sec.	83° Vers.	83° Ex. sec.	′
0	.82635	4.75877	.84357	5.39245	.86083	6.18530	.87813	7.20551	0
1	.82664	4.76829	.84385	5.40422	.86112	6.20020	.87842	7.22500	1
2	.82692	4.77784	.84414	5.41602	.86140	6.21517	.87871	7.24457	2
3	.82721	4.78742	.84443	5.42787	.86169	6.23019	.87900	7.26425	3
4	.82750	4.79703	.84471	5.43977	.86198	6.24529	.87929	7.28402	4
5	.82778	4.80667	.84500	5.45171	.86227	6.26044	.87957	7.30388	5
6	.82807	4.81635	.84529	5.46369	.86256	6.27566	.87986	7.32384	6
7	.82836	4.82606	.84558	5.47572	.86284	6.29095	.88015	7.34390	7
8	.82864	4.83581	.84586	5.48779	.86313	6.30630	.88044	7.36405	8
9	.82893	4.84558	.84615	5.49991	.86342	6.32171	.88073	7.38431	9
10	.82922	4.85539	.84644	5.51208	.86371	6.33719	.88102	7.40466	10
11	.82950	4.86524	.84673	5.52429	.86400	6.35274	.88131	7.42511	11
12	.82979	4.87511	.84701	5.53655	.86428	6.36835	.88160	7.44566	12
13	.83008	4.88502	.84730	5.54886	.86457	6.38403	.88188	7.46632	13
14	.83036	4.89497	.84759	5.56121	.86486	6.39978	.88217	7.48707	14
15	.83065	4.90495	.84788	5.57361	.86515	6.41560	.88246	7.50793	15
16	.83094	4.91496	.84816	5.58606	.86544	6.43148	.88275	7.52889	16
17	.83122	4.92501	.84845	5.59855	.86573	6.44743	.88304	7.54996	17
18	.83151	4.93509	.84874	5.61110	.86601	6.46346	.88333	7.57113	18
19	.83180	4.94521	.84903	5.62369	.86630	6.47955	.88362	7.59241	19
20	.83208	4.95536	.84931	5.63633	.86659	6.49571	.88391	7.61379	20
21	.83237	4.96555	.84960	5.64902	.86688	6.51194	.88420	7.63528	21
22	.83266	4.97577	.84989	5.66176	.86717	6.52825	.88448	7.65688	22
23	.83294	4.98603	.85018	5.67454	.86746	6.54462	.88477	7.67850	23
24	.83323	4.99633	.85046	5.68738	.86774	6.56107	.88506	7.70041	24
25	.83352	5.00666	.85075	5.70027	.86803	6.57759	.88535	7.72234	25
26	.83380	5.01703	.85104	5.71321	.86832	6.59418	.88564	7.74438	26
27	.83409	5.02743	.85133	5.72620	.86861	6.61085	.88593	7.76653	27
28	.83438	5.03787	.85162	5.73924	.86890	6.62759	.88622	7.78880	28
29	.83467	5.04834	.85190	5.75233	.86919	6.64441	.88651	7.81118	29
30	.83495	5.05886	.85219	5.76547	.86947	6.66130	.88680	7.83367	30
31	.83524	5.06941	.85248	5.77866	.86976	6.67826	.88709	7.85628	31
32	.83553	5.08000	.85277	5.79191	.87005	6.69530	.88737	7.87901	32
33	.83581	5.09062	.85305	5.80521	.87034	6.71242	.88766	7.90186	33
34	.83610	5.10129	.85334	5.81856	.87063	6.72962	.88795	7.92482	34
35	.83639	5.11199	.85363	5.83196	.87092	6.74689	.88824	7.94791	35
36	.83667	5.12273	.85392	5.84542	.87120	6.76424	.88853	7.97111	36
37	.83696	5.13350	.85420	5.85893	.87149	6.78167	.88882	7.99444	37
38	.83725	5.14432	.85449	5.87250	.87178	6.79918	.88911	8.01788	38
39	.83754	5.15517	.85478	5.88612	.87207	6.81677	.88940	8.04146	39
40	.83782	5.16607	.85507	5.89979	.87236	6.83443	.88969	8.06515	40
41	.83811	5.17700	.85536	5.91352	.87265	6.85218	.88998	8.08897	41
42	.83840	5.18797	.85564	5.92731	.87294	6.87001	.89027	8.11292	42
43	.83868	5.19898	.85593	5.94115	.87322	6.88792	.89055	8.13699	43
44	.83897	5.21004	.85622	5.95505	.87351	6.90592	.89084	8.16120	44
45	.83926	5.22113	.85651	5.96900	.87380	6.92400	.89113	8.18553	45
46	.83954	5.23226	.85680	5.98301	.87409	6.94216	.89142	8.20999	46
47	.83983	5.24343	.85708	5.99708	.87438	6.96040	.89171	8.23459	47
48	.84012	5.25464	.85737	6.01120	.87467	6.97873	.89200	8.25931	48
49	.84041	5.26590	.85766	6.02538	.87496	6.99714	.89229	8.28417	49
50	.84069	5.27719	.85795	6.03962	.87524	7.01565	.89258	8.30917	50
51	.84098	5.28853	.85823	6.05392	.87553	7.03423	.89287	8.33430	51
52	.84127	5.29991	.85852	6.06828	.87582	7.05291	.89316	8.35957	52
53	.84155	5.31133	.85881	6.08269	.87611	7.07167	.89345	8.38497	53
54	.84184	5.32279	.85910	6.09717	.87640	7.09052	.89374	8.41052	54
55	.84213	5.33429	.85939	6.11171	.87669	7.10946	.89403	8.43620	55
56	.84242	5.34584	.85967	6.12630	.87698	7.12849	.89431	8.46203	56
57	.84270	5.35743	.85996	6.14096	.87726	7.14760	.89460	8.48800	57
58	.84299	5.36906	.86025	6.15568	.87755	7.16681	.89489	8.51411	58
59	.84328	5.38073	.86054	6.17046	.87784	7.18612	.89518	8.54037	59
60	.84357	5.39245	.86083	6.18530	.87813	7.20551	.89547	8.56677	60

NATURAL VERSED SINES AND EXTERNAL SECANTS.

′	84° Vers.	84° Ex. sec.	85° Vers.	85° Ex. sec.	86° Vers.	86° Ex. sec.	′
0	.89547	8.56677	.91284	10.47371	.93024	13.33559	0
1	.89576	8.59332	.91313	10.51199	.93053	13.39547	1
2	.89605	8.62002	.91342	10.55052	.93082	13.45586	2
3	.89634	8.64687	.91371	10.58932	.93111	13.51676	3
4	.89663	8.67387	.91400	10.62837	.93140	13.57817	4
5	.89692	8.70103	.91429	10.66769	.93169	13.64011	5
6	.89721	8.72833	.91458	10.70728	.93198	13.70258	6
7	.89750	8.75579	.91487	10.74714	.93227	13.76558	7
8	.89779	8.78341	.91516	10.78727	.93257	13.82913	8
9	.89808	8.81119	.91545	10.82768	.93286	13.89323	9
10	.89836	8.83912	.91574	10.86837	.93315	13.95788	10
11	.89865	8.86722	.91603	10.90934	.93344	14.02310	11
12	.89894	8.89547	.91632	10.95060	.93373	14.08890	12
13	.89923	8.92389	.91661	10.99214	.93402	14.15527	13
14	.89952	8.95248	.91690	11.03397	.93431	14.22223	14
15	.89981	8.98123	.91719	11.07610	.93460	14.28979	15
16	.90010	9.01015	.91748	11.11852	.93489	14.35795	16
17	.90039	9.03923	.91777	11.16125	.93518	14.42672	17
18	.90068	9.06849	.91806	11.20427	.93547	14.49611	18
19	.90097	9.09792	.91835	11.24761	.93576	14.56614	19
20	.90126	9.12752	.91864	11.29125	.93605	14.63679	20
21	.90155	9.15730	.91893	11.33521	.93634	14.70810	21
22	.90184	9.18725	.91922	11.37948	.93663	14.78005	22
23	.90213	9.21739	.91951	11.42408	.93692	14.85268	23
24	.90242	9.24770	.91980	11.46900	.93721	14.92597	24
25	.90271	9.27819	.92009	11.51424	.93750	14.99995	25
26	.90300	9.30887	.92038	11.55982	.93779	15.07462	26
27	.90329	9.33973	.92067	11.60572	.93808	15.14999	27
28	.90358	9.37077	.92096	11.65197	.93837	15.22607	28
29	.90386	9.40201	.92125	11.69856	.93866	15.30287	29
30	.90415	9.43343	.92154	11.74550	.93895	15.38041	30
31	.90444	9.46505	.92183	11.79278	.93924	15.45869	31
32	.90473	9.49685	.92212	11.84042	.93953	15.53772	32
33	.90502	9.52886	.92241	11.88841	.93982	15.61751	33
34	.90531	9.56106	.92270	11.93677	.94011	15.69808	34
35	.90560	9.59346	.92299	11.98549	.94040	15.77944	35
36	.90589	9.62605	.92328	12.03458	.94069	15.86159	36
37	.90618	9.65885	.92357	12.08040	.94098	15.94456	37
38	.90647	9.69186	.92386	12.13388	.94127	16.02835	38
39	.90676	9.72507	.92415	12.18411	.94156	16.11297	39
40	.90705	9.75849	.92444	12.23472	.94186	16.19843	40
41	.90734	9.79212	.92473	12.28572	.94215	16.28476	41
42	.90763	9.82596	.92502	12.33712	.94244	16.37196	42
43	.90792	9.86001	.92531	12.38891	.94273	16.46005	43
44	.90821	9.89428	.92560	12.44112	.94302	16.54903	44
45	.90850	9.92877	.92589	12.49373	.94331	16.63893	45
46	.90879	9.96348	.92618	12.54676	.94360	16.72975	46
47	.90908	9.99841	.92647	12.60021	.94389	16.82152	47
48	.90937	10.03356	.92676	12.65408	.94418	16.91424	48
49	.90966	10.06894	.92705	12.70838	.94447	17.00794	49
50	.90995	10.10455	.92734	12.76312	.94476	17.10262	50
51	.91024	10.14039	.92763	12.81829	.94505	17.19830	51
52	.91053	10.17646	.92792	12.87391	.94534	17.29501	52
53	.91082	10.21277	.92821	12.92999	.94563	17.39274	53
54	.91111	10.24932	.92850	12.98651	.94592	17.49153	54
55	.91140	10.28610	.92879	13.04350	.94621	17.59139	55
56	.91169	10.32313	.92908	13.10096	.94650	17.69233	56
57	.91197	10.36040	.92937	13.15889	.94679	17.79438	57
58	.91226	10.39792	.92966	13.21730	.94708	17.89755	58
59	.91255	10.43569	.92995	13.27620	.94737	18.00185	59
60	.91284	10.47371	.93024	13.33559	.94766	18.10732	60

NATURAL VERSED SINES AND EXTERNAL SECANTS.

′	87° Vers.	87° Ex. sec.	88° Vers.	88° Ex. sec.	89° Vers.	89° Ex. sec.	′
0	.94766	18.10732	.96510	27.65371	.98255	56.29869	0
1	.94795	18.21397	.96539	27.89440	.98284	57.26976	1
2	.94825	18.32182	.96568	28.13917	.98313	58.27431	2
3	.94854	18.43088	.96597	28.38812	.98342	59.31411	3
4	.94883	18.54119	.96626	28.64187	.98371	60.39105	4
5	.94912	18.65275	.96655	28.89903	.98400	61.50715	5
6	.94941	18.76560	.96684	29.16120	.98429	62.66460	6
7	.94970	18.87976	.96714	29.42802	.98458	63.86572	7
8	.94999	18.99524	.96743	29.69960	.98487	65.11304	8
9	.95028	19.11208	.96772	29.97607	.98517	66.40927	9
10	.95057	19.23028	.96801	30.25758	.98546	67.75736	10
11	.95086	19.34989	.96830	30.54425	.98575	69.16047	11
12	.95115	19.47093	.96859	30.83023	.98604	70.62285	12
13	.95144	19.59341	.96888	31.13366	.98633	72.14583	13
14	.95173	19.71737	.96917	31.43671	.98662	73.73586	14
15	.95202	19.84283	.96946	31.74554	.98691	75.39655	15
16	.95231	19.96982	.96975	32.06030	.98720	77.13274	16
17	.95260	20.09838	.97004	32.38118	.98749	78.94968	17
18	.95289	20.22852	.97033	32.70835	.98778	80.85315	18
19	.95318	20.36027	.97062	33.04199	.98807	82.84947	19
20	.95347	20.49368	.97092	33.38232	.98836	84.94561	20
21	.95377	20.62876	.97121	33.72952	.98866	87.14924	21
22	.95406	20.76555	.97150	34.08380	.98895	89.46896	22
23	.95435	20.90400	.97179	34.44530	.98924	91.91387	23
24	.95464	21.04440	.97208	34.81452	.98953	94.49471	24
25	.95493	21.18653	.97237	35.19141	.98982	97.22303	25
26	.95522	21.33050	.97266	35.57633	.99011	100.1119	26
27	.95551	21.47635	.97295	35.96953	.99040	103.1757	27
28	.95580	21.62413	.97324	36.37127	.99069	106.4311	28
29	.95609	21.77386	.97353	36.78185	.99098	109.8966	29
30	.95638	21.92559	.97382	37.20155	.99127	113.5930	30
31	.95667	22.07935	.97411	37.63068	.99156	117.5444	31
32	.95696	22.23520	.97440	38.06957	.99186	121.7780	32
33	.95725	22.39316	.97470	38.51855	.99215	126.3253	33
34	.95754	22.55320	.97499	38.97797	.99244	131.2223	34
35	.95783	22.71563	.97528	39.44820	.99273	136.5111	35
36	.95812	22.88022	.97557	39.92963	.99302	142.2406	36
37	.95842	23.04712	.97586	40.42266	.99331	148.4684	37
38	.95871	23.21637	.97615	40.92772	.99360	155.2623	38
39	.95900	23.38802	.97644	41.44525	.99389	162.7033	39
40	.95929	23.56212	.97673	41.97571	.99418	170.8883	40
41	.95958	23.73873	.97702	42.51961	.99447	179.9350	41
42	.95987	23.91790	.97731	43.07746	.99476	189.9868	42
43	.96016	24.09969	.97760	43.64980	.99505	201.2212	43
44	.96045	24.28414	.97789	44.23720	.99535	213.8600	44
45	.96074	24.47134	.97819	44.84026	.99564	228.1839	45
46	.96103	24.66132	.97848	45.45963	.99593	244.5540	46
47	.96132	24.85417	.97877	46.09596	.99622	263.4427	47
48	.96161	25.04994	.97906	46.74997	.99651	285.4795	48
49	.96190	25.24869	.97935	47.42241	.99680	311.5230	49
50	.96219	25.45051	.97964	48.11406	.99709	342.7752	50
51	.96248	25.65546	.97993	48.82576	.99738	380.9723	51
52	.96277	25.86360	.98022	49.55840	.99767	428.7187	52
53	.96307	26.07503	.98051	50.31290	.99796	490.1070	53
54	.96336	26.28981	.98080	51.09027	.99825	571.9581	54
55	.96365	26.50804	.98109	51.89156	.99855	686.5496	55
56	.96394	26.72978	.98138	52.71790	.99884	858.4369	56
57	.96423	26.95513	.98168	53.57046	.99913	1144.916	57
58	.96452	27.18417	.98197	54.45053	.99942	1717.874	58
59	.96481	27.41700	.98226	55.35946	.99971	3436.747	59
60	.96510	27.65371	.98255	56.29869	1.00000	Infinite	60

www.ingramcontent.com/pod-product-compliance
Lightning Source LLC
Chambersburg PA
CBHW020139170426
43199CB00010B/816